特長と使い方

◆ **15 時間の集中学習で入試を攻略！**

　1 時間で 2 ページずつ取り組み，計 15 時間(15 回)で高校入試直前の実力強化ができます。強化したい分野を，15 時間の集中学習でスピード攻略できるように入試頻出問題を選んでまとめました。

★重要
入試によく出題される定番問題です。

✓ Check Points
それぞれの問題の重要ポイントや，ヒントが書かれています。

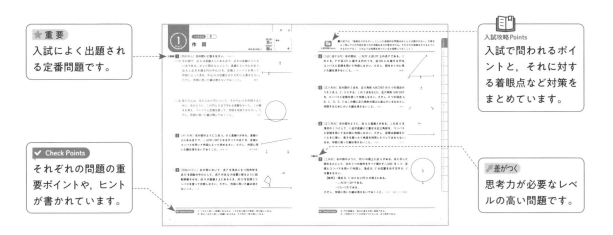

入試攻略Points
入試で問われるポイントと，それに対する着眼点など対策をまとめています。

⚡差がつく
思考力が必要なレベルの高い問題です。

◆ **「総仕上げテスト」で入試の実戦力 UP！**

　各単元の融合問題や，思考力が必要な問題を取り上げたテストです。15 時間で身につけた力を試しましょう。

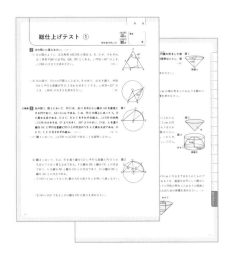

◆ **巻末付録「最重点 暗記カード」つき！**

　入試直前のチェックにも使える，持ち運びに便利な暗記カードです。覚えておきたい最重要事項を選びました。

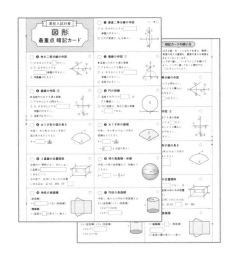

◆ **解き方がよくわかる別冊「解答・解説」！**

　親切な解説を盛り込んだ，答え合わせがしやすい別冊の解答・解説です。知っておくと便利なことや，間違えやすいところに ①ここに注意 といったコーナーを設けています。

📖✎ 目次と学習記録表

◆ 下の表に学習日と得点を記録して，自分自身の実力を見極めましょう。

◆ 1回だけでなく，復習のために2回取り組むことが，実力を強化するうえで効果的です。

💻 本書に関する最新情報は，小社ホームページにある**本書の「サポート情報」**をご覧ください。(開設していない場合もございます。)
なお，この本の内容についての責任は小社にあり，内容に関するご質問は直接小社におよせください。

出題傾向

◆ 「数学」の出題割合と傾向

〈「数学」の出題割合〉

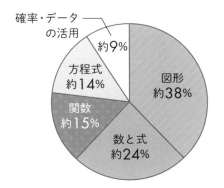

確率・データの活用 約9%
方程式 約14%
関数 約15%
数と式 約24%
図形 約38%

〈「数学」の出題傾向〉

- 過去から出題内容の割合に大きな変化はない。
- 各分野からバランスよく出題されている。
- 各単元が混ざり合って，融合問題になるケースも少なくない。
- 答えを求める過程や考え方を要求される場合もある。

◆ 「図形」の出題傾向

- 大問1や2で，角度，作図，面積や体積などの基本問題が出題されることが多い。
- 三角形の合同や相似，円周角の定理，三平方の定理を利用する問題が頻出で，それらを組み合わせた問題が大問形式で出題される。さらに，それが身のまわりの題材をもとにした，読解力が必要となる長文問題になることもある。
- 規則性や関数などと組み合わせた総合問題になるケースもあり，こちらも問題文の長文化が進んできている。

合格への対策

◆ 基本を確実にマスターしよう

まずは，基本的な公式や定理などをきちんと覚えているか，教科書で確認しましょう。次に，それらを使いこなせるように練習問題をこなしていきましょう。

◆ 間違いの原因を探ろう

間違えてしまった問題は，それが計算ミスによるものなのか，それとも理解不足なのか，その原因を追究しましょう。そして，計算ミスの内容を書き出したり，理解不足な問題の類題を繰り返し解いたりしましょう。

◆ 条件を整理しよう

条件文の長い問題が増加しています。しっかりと文章を読み取り，条件を図にかきこむと突破口になる場合があるので，普段から習慣づけておくとよいでしょう。

◆大問形式の問題に慣れよう

入試問題（多くは大問3以降）は，いくつかの小問から成り立つ大問形式で出題されます。その場合，前の小問がヒントになっていることが多いので，それを利用して解いていくことに慣れておきましょう。

入試重要度 A **B** C

作　図

解答 ⇒ 別冊 p.1

★重要 **1** ［円の中心］**次の問いに答えなさい。**（10点×2）

□(1) 右の図で，点 A は直線 ℓ 上にある点で，点 B は直線 ℓ 上にない点である。示した図をもとにして，直線 ℓ 上に中心があり，点 A と点 B を通る円の中心 O を，定規とコンパスを用いて作図によって求め，中心 O の位置を示す文字 O も書きなさい。ただし，作図に用いた線は消さないでおくこと。　　〔東京〕

□(2) 花子さんは，与えられた円について，その中心 O を作図するために，右のように，この円と 2 点で交わる直線をかいた。この続きを考え，コンパスと定規を使って，作図を完成させなさい。ただし，作図に用いた線は残しておくこと。　　〔山形〕

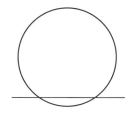

□ **2** ［90°の角］**右の図のように 2 点 A，B と直線 ℓ がある。直線 ℓ 上にある点 P で，∠APB＝90°となるすべての点 P を，定規とコンパスを用いて作図によって求めなさい。ただし，作図に用いた線は消さないでおくこと。**（完答12点）　　〔都立西高〕

□ **3** ［回転の中心］**右の図において，点 P を頂点にもつ四角形を，点 O を回転の中心として，点 P が点 Q の位置に移るように回転移動させる。点 O が直線 ℓ 上にあるとき，点 O を定規とコンパスを使って作図しなさい。ただし，作図に用いた線は消さないこと。**（12点）　　〔山口〕

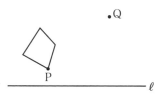

✔ Check Points
① 2 点から等しい距離にある点は，2 点を結ぶ線分の垂直二等分線上にある。
② 角の 2 辺から等しい距離にある点は，その角の二等分線上にある。

入試攻略Points ●入試では，「垂線をひきなさい」といった直接的な問題はほとんど出題されない。文章をよく読んでどの作図を使うのか見極める力が要求される。それぞれの直線をかけるようにするだけでなく，どのような性質を持っているか理解しておくこと！

□ **4** [2辺に接する円] 右の図は，∠XOY と辺 OY 上の点 P である。このとき，P で辺 OY に接する円のうち，辺 OX にも接する円を，コンパスと定規を用いて作図しなさい。ただし，図をかくのに用いた線は消さないこと。(14点)　　　　〔群馬〕

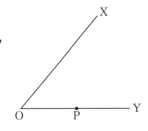

□ **5** [正六角形] 右の図の3点を，正六角形 ABCDEF の6つの頂点のうち3点 A，C，E とする。この3点をもとに，正六角形 ABCDEF を，コンパスと定規を使って作図しなさい。ただし，6つの頂点 A，B，C，D，E，F はこの順に正六角形の周上に並んでいるものとし，作図するためにかいた線は消さないこと。(14点)　　　〔埼玉〕

□ **6** [正三角形] 右の図のように，点 A と直線 ℓ がある。この点 A を頂点の1つとして，1辺が直線 ℓ に重なる正三角形を，コンパスと定規を用いて右の図に作図しなさい。ただし，定規は直線をひくときに使い，長さを測ったり角度を利用したりしてはならない。なお，作図に使った線は消さないこと。(14点)　　　〔大分〕

□ **7** [三角形] 右の図のように，円 O の周上に点 A がある。右に示した図をもとにして，次の3つの条件をすべて満たす△ABC を1つ，定規とコンパスを用いて作図し，頂点 B，C の位置を示す文字 B，C を書きなさい。

【条件】・頂点 B，C はともに円 O の周上にある。
　　　　・∠ACB＝30°である。
　　　　・CA＝CB である。

ただし，作図に用いた線は消さないでおくこと。(14点)　〔都立八王子東高〕

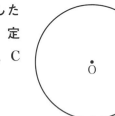

 Check Points ③ 円の接線は，接点を通る半径に垂直である。
④ 三角形のすべての内角が 60°ならば，正三角形である。

1時間目
2時間目
3時間目
4時間目
5時間目
6時間目
7時間目
8時間目
9時間目
10時間目
11時間目
12時間目
13時間目
14時間目
15時間目
総仕上げテスト

2 時間目

入試重要度 A **B** C

図形と角

月　日

時　間 **25**分
合格点 **80**点

得点

点

解答 ➡ 別冊 p.2

★重要 **1** ［平行線と角］次の図で，$\ell /\!/ m$ のとき，∠x の大きさを求めなさい。(8点×4)

□(1)

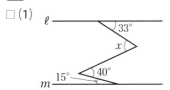

〔岐阜〕

□(2)

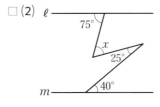

〔青森〕

□(3)

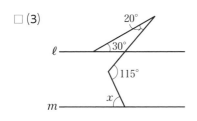

〔長野〕

□(4)

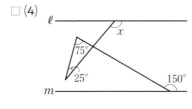

〔福島〕

2 ［多角形の角］次の問いに答えなさい。(6点×2)

□(1) 正二十角形の 1 つの内角の大きさは何度ですか。　　　　　　　　〔岡山県立岡山朝日高〕

□(2) 正 n 角形の 1 つの内角の大きさが 160° であるとき，n の値を求めなさい。　　〔熊本〕

□ **3** ［平行線と多角形］右の図で，2 直線 ℓ，m は平行であり，五
角形 ABCDE は正五角形である。このとき，∠x の大きさを
求めなさい。(8点)　　　　　　　　　　　　　　　　　〔熊本〕

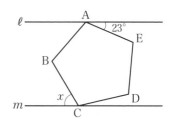

✔ **Check Points**　① 平行線の同位角，錯角は等しい。
　　　　　　　　　② 三角形の 1 つの外角は，それととなり合う 2 つの内角の和に等しい。

●入試では，平行線と三角形・四角形を組み合わせた角度の問題がよく出題される！

入試攻略Points
●平行線の角度の計算は，同位角と錯角を使えるように平行な補助線をひいてみよう！
●正多角形の内角の大きさを求めるときは，内角より外角を使って計算しよう！

1 時間目
2 時間目
3 時間目
4 時間目
5 時間目
6 時間目
7 時間目
8 時間目
9 時間目
10 時間目
11 時間目
12 時間目
13 時間目
14 時間目
15 時間目
総仕上げテスト

重要 **4** [三角形と角] 次の問いに答えなさい。(9点×2)

□(1) △ADE は，△ABC を右の図のように，頂点 A を中心として DA//BC となるように回転させた三角形である。∠BAE＝52°，∠BCA＝62°のとき，∠ABC の大きさを求めなさい。 〔青森〕

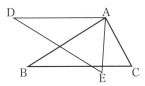

□(2) 右の図は，△ABC を，頂点 A が辺 BC 上の点 F に重なるように，線分 DE を折り目として折ったものである。DE//BC，∠DFE＝72°，∠ECF＝67°であるとき，∠BDF の大きさを求めなさい。 〔熊本〕

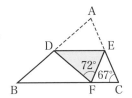

□ **5** [角の二等分線] 右の図は，△ABC において，∠B の二等分線と∠C の二等分線の交点を I としたものである。∠A＝a°，∠BIC＝x°とするとき，x を a を用いた式で表しなさい。(10点) 〔都立国分寺高〕

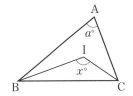

□ **6** [四角形と角] 右の図で，四角形 ABCD は AD//BC の台形で，AD＝DC である。また，E は線分 AC と DB との交点である。∠EBC＝34°，∠EDC＝102°のとき，∠AEB の大きさは何度ですか。(10点) 〔愛知〕

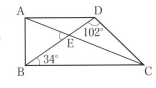

差がつく
□ **7** [平行線と正三角形] 右の図で，△ABC は正三角形で，2 直線 ℓ，m は平行である。このとき，∠x＋∠y の大きさを求めなさい。

(10点)〔秋田〕

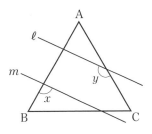

 Check Points
③ n 角形の内角の和は $180°×(n-2)$，外角の和は 360° で一定。
④ 二等辺三角形では，頂角＝180°－底角×2，底角＝(180°－頂角)÷2

7

円周角の定理

月　日

時間 **30**分
合格点 **80**点
解答⇨別冊p.3

得点

点

1 ［円周角の定理］次の問いに答えなさい。（10点×3）

□(1) 右の図で，点 A，B，C，D は円 O の円周上の点である。このとき，∠ACB の大きさを求めなさい。　〔和歌山〕

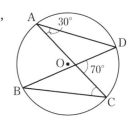

□(2) 右の図の円 O で，∠x の大きさを求めなさい。　〔鳥取〕

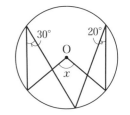

□(3) 右の図のような，△OAB と，頂点 O を中心として 2 点 A，B を通る円があり，点 C は，円 O の円周上の点である。∠ACB＝50°であるとき，∠OBA の大きさは何度ですか。　〔香川〕

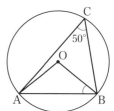

2 ［平行線と円周角］次の問いに答えなさい。

□(1) 右の図で，4 点 A，B，C，D は円 O の円周上にあり，BD は直径，∠BOC＝70°，AB//OC となっている。このとき，∠BAC，∠ADB の大きさをそれぞれ求めなさい。（5点×2）　〔石川〕

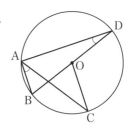

□(2) 右の図で，A，B，C，D，E は円 O の周上の点，EC，BD は円 O の直径で，AE//BD である。また，F は AD と EC との交点である。∠BCO＝74°のとき，∠EFD の大きさは何度ですか。（10点）　〔愛知〕

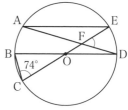

✔ **Check Points**　① 1 つの弧に対する円周角の大きさは，その弧に対する中心角の大きさの半分である。（円周角の定理）
② 半円の弧に対する円周角は 90° である。

入試攻略Points

❶円周角はもちろんのこと，円と相似・三平方の定理を組み合わせた問題が入試に頻出！
❷２つの半径と弦で囲まれた三角形は二等辺三角形である。忘れないように！
❸「円周角の定理の逆」は盲点になりやすい。四角形の角では円を思い浮かべてみよう！

★重要 **3** ［円周角の定理の利用］次の問いに答えなさい。(10点×2)

□(1) 右の図のように，円 O の周上に３点 A，B，C がある。線分 OB と線分 AC の交点を D とする。∠OAC＝21°，∠OBC＝58°のとき，x で示した∠ADB の大きさは何度ですか。　〔都立新宿高〕

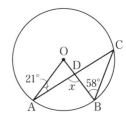

□(2) 右の図のように，円 O の周上に頂点をもつ四角形 ABCD がある。直線 AB と直線 DC の交点を E，直線 AD と直線 BC の交点を F とする。∠AED＝20°，∠BFA＝38°のとき，x で示した∠BOD の大きさは何度ですか。　〔都立国立高〕

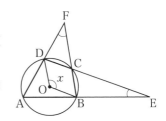

4 ［円周角と弧］次の問いに答えなさい。

□(1) 右の図のような円 O において，点 A, B, C, D は円周上の点である。線分 AC と線分 BD の交点を E とするとき，∠AED の大きさを求めなさい。(10点)　〔茨城〕

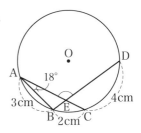

□(2) 右の図のように，円周上に異なる８個の点が等間隔に並んでいる。このとき，∠x，∠y の大きさを求めなさい。(5点×2)　〔法政大国際高〕

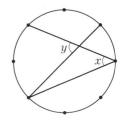

★差がつく

□ **5** ［四角形の角］右の図のような四角形 ABCD があり，対角線 AC と対角線 BD との交点を E とする。∠ABD＝32°，∠ACB＝43°，∠BDC＝68°，∠BEC＝100°のとき，∠CAD の大きさを求めなさい。(10点)　〔神奈川〕

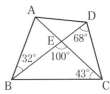

 Check Points　③ 円に内接する四角形の対角の和は 180°である。
　　　　　　　　　　　　　④ 同じ長さの弧に対する円周角の大きさは等しいから，弧の長さと円周角の大きさは比例する。

入試重要度 A B C

相似な図形

時間 **35**分
合格点 **80**点
得点　　　点

解答⇨別冊p.4

★重要 **1** ［相似な三角形］次の問いに答えなさい。（10点×3）

□(1) 右の図のように，AB＜AC である△ABC において，辺 AB 上に点 D をとり，辺 AC 上に点 E を∠ACB＝∠ADE となるようにとる。AB＝6 cm，AD＝4 cm，AE＝3 cm のとき，線分 CE の長さを求めなさい。
〔神奈川〕

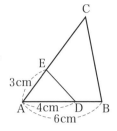

□(2) 右の図で，正方形の 1 辺の長さを x cm とするとき，x の値を求めなさい。
〔和歌山〕

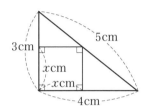

□(3) 右の図のように，頂点 C が共通な 2 つの正三角形 ABC と ECD があり，点 B, C, D は一直線上にある。AB＝EC＝8 cm とする。辺 AB 上に点 P を AP＝2 cm となるようにとり，線分 PD と AC の交点を Q とする。このとき，線分 QC の長さを求めなさい。
〔北海道〕

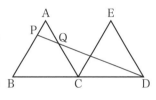

2 ［平行線と線分の比］次の問いに答えなさい。

□(1) 右の図で，$\ell \parallel m$，$m \parallel n$ のとき，x，y の値を求めなさい。
（5点×2）〔岡山〕

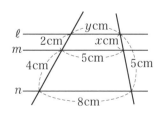

□(2) 右の図で，四角形 ABCD は AD∥BC の台形である。辺 AB 上に点 E をとり，点 E を通り，辺 BC に平行な直線と辺 CD との交点を F とする。AD＝3，EF＝8，BC＝11，EB＝6 のとき，AE の長さを求めなさい。
（10点）〔都立墨田川高〕

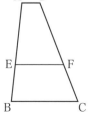

✔ **Check Points** ① 三角形の 2 辺の中点を結ぶ線分は，残りの辺に平行で，長さはその半分である。（中点連結定理）
② 高さが等しい 2 つの三角形の面積比は，底辺の比に等しい。

入試攻略Points

❶平行線のある複雑な図形では，まず相似な三角形を探し出そう！
❷面積比は「高さが共通な２つの三角形の面積は底辺の長さに比例」を使うことが多い。
　「面積比は相似比の２乗」を使うとはやく解けることもあるので覚えておこう！

□ **3** ［中点連結定理］**右の図のように，AB＝BC＝4 cm，AD＝a cm（0＜a＜4），AD//BC，∠ABC＝90°の台形 ABCD がある。辺 AB，CD の中点をそれぞれ E，F とし，線分 EF と線分 BD，AC との交点をそれぞれ G，H とする。AD＝GH のとき，a の値を求めなさい。**

(10点)〔北海道〕

□ **4** ［相似比と体積比］**円錐の形のチョコレートがある。このチョコレートの８分の１の量をもらえることになり，底面と平行に切って頂点のあるほうをもらうことにした。母線の長さを８cm とすると，頂点から母線にそって何 cm のところを切ればよいかを求めなさい。**(10点)　〔埼玉〕

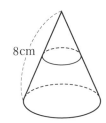

8cm

□ **5** ［相似比の利用］**右の図のような平行四辺形 ABCD がある。点 E は辺 BC 上の点で，BE：EC＝1：2 であり，点 F は辺 DC の中点である。線分 AE，線分 AF と対角線 BD との交点をそれぞれ G，H とするとき，△AGH の面積は平行四辺形 ABCD の面積の何倍ですか。**(10点)　〔香川〕

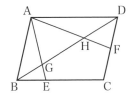

差がつく **6** ［相似比の利用］**右の図のように，１辺の長さがそれぞれ２cm，４cm である正方形 ABCD，CEFG があり，３点 B，C，E は一直線上にある。線分 BF と線分 EG との交点を H，線分 BD を延長した直線と線分 EG，FG との交点をそれぞれ I，J とする。**(10点×2)　〔京都−改〕

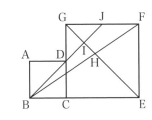

□(1) GI：IH を最も簡単な整数の比で表しなさい。

□(2) △FGH の面積は，△GIJ の面積の何倍か求めなさい。

✔ Check Points　③ 相似な図形の面積比は，相似比の２乗に等しい。
　　　　　　　　　④ 相似な立体の体積比は，相似比の３乗に等しい。

1時間目
2時間目
3時間目
4時間目
5時間目
6時間目
7時間目
8時間目
9時間目
10時間目
11時間目
12時間目
13時間目
14時間目
15時間目
総仕上げテスト

月　　日

入試重要度 A B C

三平方の定理と平面図形

時　間 **40**分
合格点 **80**点

得点

点

解答➡別冊p.6

☐ **1** ［線分の長さ］右の図のように，直線 AB 上の点 O からひいた半
直線 OC があり，∠AOC の二等分線 OP，∠BOC の二等分線
OQ をひく。OP，OQ 上に，それぞれ点 M，N を OM＝2 cm，
ON＝3 cm となるようにとる。このとき，線分 MN の長さを求
めなさい。(10点)　　　　　　　　　　　　　　　　　　〔山口〕

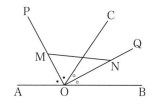

☐ **2** ［正方形の面積］右の図で，色をつけた四角形はすべて正方形，三
角形はすべて直角三角形である。正方形 A，B，C，D の面積の和
を求めなさい。(10点)　　　　　　　　　　　　　　　　　〔大分〕

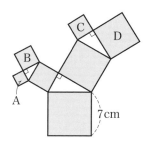

★重要 **3** ［いろいろな図形］次の問いに答えなさい。(10点×3)

☐(1) 右の図のような 1 辺が 2 cm の正六角形の面積を求めなさい。〔山口〕

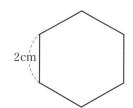

☐(2) 右の図の四角形 ABCD は，AB＝7 cm，AD＝5 cm，∠A＝60°の平
行四辺形である。∠A の二等分線と BC の延長線との交点を E とす
るとき，AE の長さを求めなさい。　　　　　　　　　〔国立工業高専〕

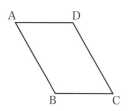

☐(3) 右の図のように，ひし形 ABCD の辺 BC 上に点 P をとり，
直線 AP と直線 DC との交点を Q とする。BP＝4 cm，
PC＝2 cm，∠DAB＝60°とし，対角線 DB と直線 AP と
の交点を R とするとき，四角形 DRPC の面積を求めなさ
い。　　　　　　　　　　　　　　　　　　　　　　　〔宮城〕

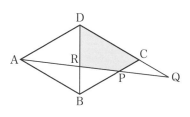

✔ **Check Points**　① 直角三角形で，直角をはさむ 2 辺の 2 乗の和は，斜辺の 2 乗に等しい。（三平方の定理）
　　　　　　　　　② 直角三角形で，直角をはさむ 2 辺の比が 3：4 のときの斜辺は 5，5：12 のときの斜辺は 13

入試攻略Points

●入試に欠かせない単元！図形に対して柔軟な見方ができるかが合格へのカギ！
●三平方の定理を使うには直角が必要。なければ，垂線をひいて直角三角形をつくろう！
●折り返した部分と折り返す前の部分は合同である。見逃さないように！

重要

4 ［特別な三角形］右の図のような，∠ACB＝90°の直角三角形 ABC がある。∠ABC の二等分線をひき，辺 AC との交点を D とする。また，点 C を通り，辺 AB に平行な直線をひき，直線 BD との交点を E とする。AB＝5 cm，BC＝3 cm であるとき，線分 BE の長さは何 cm か。（10点）　　　〔香川〕

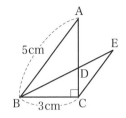

重要

5 ［図形の折り返し］次の問いに答えなさい。（10点×3）

(1) 右の**図1**のような，長方形 ABCD の紙があり，AB＝12 cm，BC＝18 cm である。**図2**のように，点 E を辺 AD 上にとり，頂点 B が点 E と重なるように紙を折り，折り目と辺 AB，辺 BC との交点をそれぞれ F，G とし，BG＝13 cm とする。　　　〔奈良－改〕

□①台形 EGCD の面積を求めなさい。

□②線分 FG の長さを求めなさい。

図1

図2

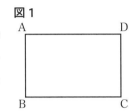

□(2) 右の図は，AB＜BC である長方形 ABCD を，対角線 AC を折り目として折り返し，頂点 D が移った点を E，辺 BC と線分 AE の交点を F としたものである。AB＝4 cm，BC＝8 cm のとき，点 B と点 E を結んでできる△BEF の面積を求めなさい。　　　〔高知－改〕

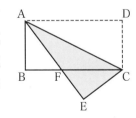

差がつく

□**6** ［特別な三角形］右の図で，△ABC は∠ACB＝90°，AC＝BC の直角二等辺三角形，△DBC は正三角形である。また，E は AB と DC との交点である。EC＝2 cm のとき，△ADB の面積を求めなさい。（10点）　　　〔愛知〕

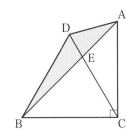

 ✓ Check Points　　③ 直角二等辺三角形の3辺の比は，1：1：√2
　　　　　　　　　　　④ 30°，60°の角をもつ直角三角形の3辺の比は，1：2：√3

13

入試重要度 A B C

円とおうぎ形

時間 **40**分
合格点 **80**点
得点　　点

解答 ➡ 別冊 p.7

月　　日

□ **1** ［おうぎ形の弧の長さ］半径が 10 cm，中心角が 72° のおうぎ形と，半径が r cm，中心角が 120° のおうぎ形がある。この 2 つのおうぎ形の弧の長さが等しいとき，r の値を求めなさい。ただし，円周率は π とする。(6点)　〔秋田〕

□ **2** ［おうぎ形と三角形］右の図で，C は AB を直径とする半円 O の周上の点である。また，D は直線 AB と点 C を接点とする半円 O の接線との交点である。OB＝3 cm，BD＝2 cm のとき，△CAD の面積を求めなさい。(8点)　〔愛知〕

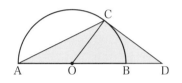

3 ［おうぎ形と面積］右の図で，円 O′ は半円 O に点 P，Q で接している。　〔青森〕

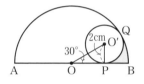

□ (1) OA の長さを求めなさい。(8点)

□ (2) 色のついた部分の面積を求めなさい。ただし，円周率は π とする。(10点)

★重要 **4** ［おうぎ形と面積］右の図のように，点 O を中心とし，AB を直径とする半円(大きい半円)と，CD を直径とする半円(小さい半円)があり，AB＝12 cm，CD＝6 cm である。また，E は大きい半円の周上の点で，弦 AE は点 F で小さい半円に接し，AB⊥ED である。ただし，円周率は π とする。　〔佐賀〕

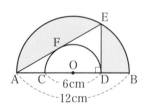

□ (1) 線分 AF の長さを求めなさい。(8点)

□ (2) 図の色のついた部分の面積を求めなさい。(10点)

✔ Check Points　① 半径 r，中心角 a° のおうぎ形の弧の長さ ℓ は，$\ell = 2\pi r \times \dfrac{a}{360}$

●円と接線があれば，円の中心から接点に補助線をひいてみるといい！
●半円の弧に対する円周角は 90° である。直径を含む三角形は三平方の定理が成り立つ！
入試攻略Points　❸長方形を，1点を中心に回転させた複雑な求積問題では，まず対角線をひいてみよう！

5 ［長方形の回転移動］次の問いに答えなさい。(10点×2)

□(1) 右の**図1**は，AB＝2 cm，BC＝1 cm の長
方形 ABCD を，点 C で固定して右にた
おした様子である。長方形の頂点 A，B，
D はそれぞれ頂点 A′，B′，D′ に移るもの
とする。**図2**の色のついた部分は，**図1**

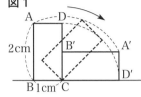
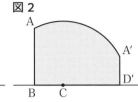

において長方形 ABCD が通過した部分を表している。色のついた部分の面積を求めなさ
い。ただし，円周率はπとする。　　　　　　　　　　　　　　　　　　　　〔沖縄－改〕

□(2) 右の図の長方形 EBFG は，長方形 ABCD を点 B を中心として反
時計回りに 90°回転させてできたものである。AB＝3 cm，BC＝
5 cm のとき，線分 CD が通過してできる部分(図の色のついた部
分)の面積を求めなさい。　　　　　　　　　　　　　　　〔島根－改〕

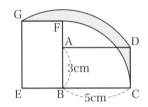

差がつく **6** ［円と三角形］右の図のように，円 O があり，直径を AB とする。
点 A を中心に，線分 AO を半径とする中心角 90°のおうぎ形
AOC をかき，$\overparen{\text{OC}}$ と円 O との交点を D とする。また，線分
CD の延長と線分 AB の延長との交点を E とする。円 O の半
径を 2 cm とする。(10点×3)　　　　　　　　　　　　　　〔富山〕

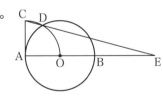

□(1) $\overparen{\text{OD}}$ の長さを求めなさい。ただし，円周率はπとする。

□(2) ∠AEC の大きさを求めなさい。

□(3) △CAE の面積を求めなさい。

✔ Check Points　② 半径 r，中心角 a°のおうぎ形の面積 S は，$S＝\pi r^2×\dfrac{a}{360}$　弧の長さを ℓ とすると，$S＝\dfrac{1}{2}\ell r$

1 時間目
2 時間目
3 時間目
4 時間目
5 時間目
6 時間目
7 時間目
8 時間目
9 時間目
10 時間目
11 時間目
12 時間目
13 時間目
14 時間目
15 時間目
総仕上げテスト

入試重要度 **A** B C

時間 **40**分
合格点 **80**点
得点　点

月　日

三平方の定理と空間図形

解答 → 別冊p.8

1 ［線分の長さ］次の問いに答えなさい。(10点×2)

□(1) 右の図のような，AD＝4 cm，AE＝3 cm，AG＝7 cm の直方体 ABCD-EFGH がある。このとき，AB の長さを求めなさい。〔栃木〕

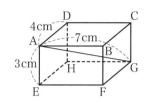

□(2) 右の図のように，1辺の長さが6 cm の立方体の展開図がある。線分 AB，線分 CD の中点をそれぞれP，Q とする。この展開図を組み立てて立方体をつくったとき，2点 P，Q の間の距離を求めなさい。〔秋田〕

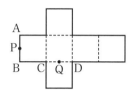

□ **2** ［三角柱の体積］右の図のように，底面が直角三角形で，側面がすべて長方形の三角柱があり，AB＝6 cm，BE＝4 cm，∠ABC＝30°，∠ACB＝90° である。この三角柱の体積を求めなさい。(10点)　〔山形〕

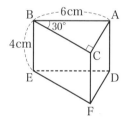

★重要 **3** ［展開図と線分の長さ］右の図は，AB＝6 cm，∠ABC＝60°，∠ACB＝90°の直角三角形 ABC を底面とする三角柱の展開図であり，四角形 ADEF は正方形である。また，点 G は線分 DE の中点である。このとき，この展開図を点線で折り曲げてできる三角柱について，次の問いに答えなさい。(10点×2)　〔神奈川〕

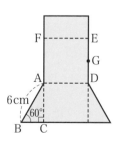

□(1) この三角柱の体積を求めなさい。

□(2) この三角柱において，2点 C，G 間の距離を求めなさい。

✔ **Check Points**　① 直角三角形で，直角をはさむ2辺の2乗の和は，斜辺の2乗に等しい。(三平方の定理)
② 3辺の長さが a，b，c の直方体の対角線の長さ ℓ は，$\ell=\sqrt{a^2+b^2+c^2}$

入試攻略Points

❶空間内の長さや面積を求めるときは，それらを含む平面図形を取り出し直角三角形を見つけて，三平方の定理の利用を考えよう！

❷錐体（すいたい）を考えるときは，頂点から底面に垂線をひいて直角三角形をつくろう！

□ **4** ［四角錐の表面積］右の図は，底面が1辺6cmの正方形で，側面が1辺6cmの正三角形である四角錐 O-ABCD を示したものである。この四角錐の表面積を求めなさい。(10点)　〔鹿児島〕

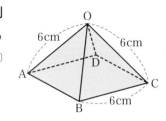

□ **5** ［正六角錐の体積］右の図は，底面が1辺3cmの正六角形で，他の辺の長さがすべて7cmの正六角錐である。この正六角錐の体積を求めなさい。(10点)　〔愛知〕

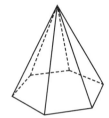

□ **6** ［円錐の展開図と体積］右の図は円錐の展開図で，側面の部分は半径5cm，中心角216°のおうぎ形である。これを組み立ててできる円錐の体積を求めなさい。ただし，円周率はπとする。

(10点)〔愛知〕

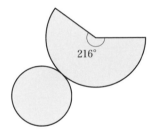

□ **7** ［線分の長さ］右の図は，点 A，B，C，D，E，F，G，H を頂点とする直方体で，AD＝3cm，AE＝6cm，EF＝4cm である。点 M は辺 EF の中点である。　〔熊本－改〕

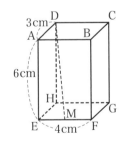

□(1) 線分 DM の長さを求めなさい。(8点)

□(2) 辺 CG 上に点 P をとり，CP＝x cm とする。∠DPM＝90°となるときのxの値を求めなさい。

(完答12点)

✔ **Check Points**　③ 正多角錐の側面は，すべて合同な二等辺三角形である。
④ 底面の半径がr，母線の長さがRの円錐の高さhは，$h=\sqrt{R^2-r^2}$

1 時間目
2 時間目
3 時間目
4 時間目
5 時間目
6 時間目
7 時間目
8 時間目
9 時間目
10 時間目
11 時間目
12 時間目
13 時間目
14 時間目
15 時間目
総仕上げテスト

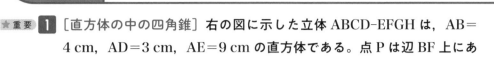

8 時間目

入試重要度 **A** B C

四角柱

解答 ➡ 別冊 p.9

★重要 **1** ［直方体の中の四角錐］右の図に示した立体 ABCD-EFGH は，AB＝4 cm，AD＝3 cm，AE＝9 cm の直方体である。点 P は辺 BF 上にあり，BP＝4 cm である。〔都立産業技術高専〕

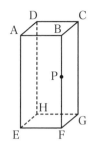

□(1) 点 P と頂点 D を結んでできる線分 PD の長さは何 cm ですか。(5点)

□(2) 点 P と頂点 E，点 P と頂点 G，点 P と頂点 H をそれぞれ結んだ場合を考える。四角錐 P-EFGH の体積は何 cm^3 ですか。(10点)

□(3) 点 P と頂点 A，点 P と頂点 C，頂点 A と頂点 C をそれぞれ結んでできる△PAC の面積は何 cm^2 ですか。(10点)

★重要 **2** ［直方体の中の四角錐］右の図のような，底面が 1 辺 $4\sqrt{2}$ cm の正方形で，高さが 6 cm の直方体がある。辺 AB，AD の中点をそれぞれ P，Q とする。〔福島〕

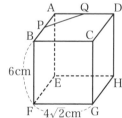

□(1) 線分 PQ の長さを求めなさい。(5点)

□(2) 四角形 PFHQ の面積を求めなさい。(10点)

□(3) 線分 FH と線分 EG の交点を R とする。また，線分 CR の中点を S とする。このとき，S を頂点とし，四角形 PFHQ を底面とする四角錐の体積を求めなさい。(10点)

✔ **Check Points** ① AB＝AC である二等辺三角形 ABC の頂点 A から底辺 BC にひいた垂線 AH は，BC の垂直二等分線であり，底辺 BC に対する高さになる。

入試攻略Points

❶空間内の長さや面積を求めるときは，それらを含む平面図形を取り出して考えよう！
❷立体の表面を通り2点間の最短の長さを求める問題では，2点を直線で結べるように，答えになる線分を含む面をつないで，展開図をかいてみることが大切！

---

3 ［四角柱の展開図］右の図は，ある立体の展開図である。〔島根－改〕

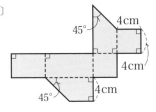

□(1) この立体の体積を求めなさい。(5点)

□(2) この立体をいくつか組み合わせて，できるだけ小さい立方体をつくりたい。このとき，この立体は全部で何個必要か，答えなさい。(10点)

重要 **4** ［最短の長さ］右の図は，底面が1辺2cmの正方形で，高さが4cmの正四角柱である。対角線ACと対角線BDの交点をI，対角線EGと対角線FHの交点をJ，底面EFGHの辺上の点をPとし，I，A，P，Jの順に糸をかけたものである。ただし，糸は正四角柱の表面に沿って長さが最も短くなるようにかけるものとする。

〔沖縄－改〕

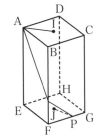

□(1) 点Pが頂点Eの位置にあるとき，糸の長さを求めなさい。(5点)

□(2) 点Pが頂点Gの位置にあるとき，糸の長さを求めなさい。(10点)

---

5 ［最短の長さ］右の図は，AD//BC，AD＝3cm，BC＝6cm，∠ABC＝90°の台形ABCDを底面とし，AE＝BF＝CG＝DH＝4cmを高さとする四角柱であり，四角形ABFEは正方形である。また，2点I，Jはそれぞれ辺BC，辺GHの中点である。(10点×2)

〔神奈川〕

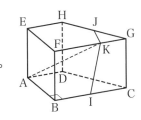

□(1) この四角柱の表面積を求めなさい。

差がつく □(2) この四角柱の表面上に，点Iから辺FGに交わるように点Jまで線をひく。このような線のうち，長さが最も短くなるようにひいた線が，辺FGに交わっている点をKとするとき，2点A，K間の距離を求めなさい。

✔ **Check Points**　② 底面積S，高さhの角柱の体積Vは，V＝Sh
　　　　　　　　　　③ 立体の表面上を通る2点間の最短の長さは，展開図上での2点を結ぶ直線の長さになる。

19

1時間目
2時間目
3時間目
4時間目
5時間目
6時間目
7時間目
8時間目
9時間目
10時間目
11時間目
12時間目
13時間目
14時間目
15時間目
総仕上げテスト

9 時間目

入試重要度 A B C

三角柱，円柱

月　日

時　間 **40**分
合格点 **80**点
得点　　　点

解答➡別冊 p.11

□ **1** ［回転体］右の図のように，1 辺が 3 cm の正方形を 3 つ組み合わせた図形がある。この図形を，直線 ℓ を軸として 1 回転させてできる立体を P，直線 m を軸として 1 回転してできる立体を Q とする。P と Q では，表面積はどちらがどれだけ大きいか，求めなさい。ただし，円周率は π とする。(10点)〔秋田〕

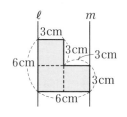

★重要 **2** ［円柱］右の図 1 の伝票立てを見て，この形に興味をもった桜さんは，底面の円の半径が 2 cm の円柱を，斜めに平面で切った図 2 の立体 P について考えた。図 3 は P の投影図である。ただし，AD＝5 cm，AB＝BC であり，四角形 ABCD は，∠B＝∠C＝90° の台形であるものとする。(10点×2)〔長野〕

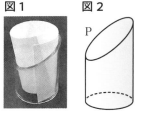

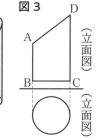

□(1) CD の長さを求めなさい。

□(2) P の体積を求めなさい。ただし，円周率は π とする。

★重要 **3** ［三角柱］右の図のような，底面が直角二等辺三角形で，AB＝AC＝4 cm，AD＝6 cm の三角柱がある。点 P は頂点 B を出発して辺 BE，EF 上を矢印の方向に動くものとする。〔石川〕

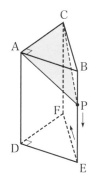

□(1) 点 P が辺 BE 上で，∠APC＝30° となるとき，BP の長さを求めなさい。(8点)

□(2) 点 P が辺 EF の中点にきたとき，△APC の面積を求めなさい。(12点)

✔ **Check Points**　① 角柱・円柱の側面積は，底面の周の長さ×高さ
② 半径 r，高さ h の円柱の体積 V は，$V=\pi r^2 h$

1 時間目
2 時間目
3 時間目
4 時間目
5 時間目
6 時間目
7 時間目
8 時間目
9 時間目
10 時間目
11 時間目
12 時間目
13 時間目
14 時間目
15 時間目
総仕上げテスト

●空間図形を苦手にしている人は多い。きちんと得点できれば，合格間違いなし！
❷頂点とそれを含まない辺上の点を結ぶ線分の長さを求めるときは，三平方の定理を使う。
　空間図形のままで考えるのではなく，直角三角形をつくってから考えること！

入試攻略Points

---

4 ［三角柱］右の図1の容器は，△ABC を1つの底面とする三角柱の形 をしている。図1において，AB＝AC＝10 cm，BC＝16 cm，AD＝ 8 cm であり，側面はすべて長方形である。ただし，容器の厚さは考 えないものとする。 〔静岡〕

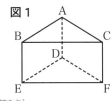

図1

□(1) 辺 AB とねじれの位置にある辺はどれですか。すべて答えなさい。(完答8点)

(2) 図1の容器を水平な台の上に置き，図2のように，水の深さが 4 cm になるまで静かに水を入れて密閉した。水の入ったこの 容器を，図3のように，面 BEFC が下になるように水平な台の 上に静かに置き直した。図3の面 ABC において，線分 AG は 頂点 A から辺 BC にひいた垂線であり，点 H は線分 AG と水面 の位置を表す線分との交点である。(8点×2)

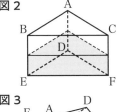

図2

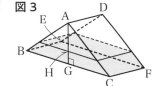

図3

□① 線分 AG の長さを求めなさい。

□② 線分 AH の長さを求めなさい。

---

5 ［円柱］右の図のように，底面の半径が 2 cm，高さが 4 cm の円柱があ り，2つの底面の中心を，それぞれ O，O′ とする。底面 O′ の円周上に， ∠AO′B＝120° となる点 A，B をとる。また，点 P は，底面 O の円周 上を，矢印の向きに1周する点である。 〔新潟〕

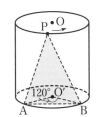

□(1) この円柱の体積を求めなさい。ただし，円周率は π とする。(7点)

□(2) 線分 AB の長さを求めなさい。(7点)

差がつく □(3) 3点 P，A，B を結んでできる△PAB の面積が最も大きくなるとき，その面積を求めなさい。
(12点)

✔ Check Points　③ 空間内の2直線が交わらず，平行でもないとき，ねじれの位置にあるという。
　　　　　　　　④ 円の中心から弦にひいた垂線は，その弦を2等分する。

入試重要度 **A** B C

角　錐

1 ［四角錐］右の図のような，底面が1辺2cmの正方形で，他の辺が3cmの正四角錐がある。辺OC上にAC＝AEとなるように点Eをとる。 〔福島〕

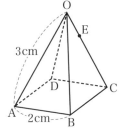

□(1) 線分AEの長さを求めなさい。(4点)

□(2) △OACの面積を求めなさい。(6点)

□(3) Eを頂点とし，四角形ABCDを底面とする四角錐の体積を求めなさい。(10点)

★重要 **2** ［展開図］右の図1のように，AB＝6cm，BC＝10cmの△ABCがある。辺ACの中点をDとし，AとDから辺BCにひいた垂線と辺BCとの交点をそれぞれE，Fとすると，△ABEの面積は，△ABCの面積の$\dfrac{1}{5}$であった。次に，△ABCをBとCが重なるように，線分AEと線分DFをそれぞれ折り目として折り，図2のように，△BDAと△BFEの各面を平面でおおって，四角錐B-AEFDをつくる。 〔新潟〕

図1

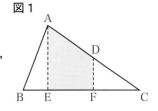

図2

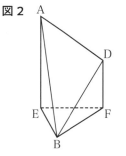

□(1) 線分BEと線分AEの長さをそれぞれ求めなさい。(5点×2)

□(2) 四角形AEFDの面積を求めなさい。(10点)

□(3) 四角錐B-AEFDの体積を求めなさい。(12点)

✔ Check Points　① 正n角錐の側面は，合同な二等辺三角形で，n個ある。
　　　　　　　　② 点と直線の距離とは，点から直線にひいた垂線の長さである。

入試攻略 Points

❶ P.18 **1**，**2** のような，角柱の中の点を結んで角錐の体積を求める問題もよく出題される！
❷ 角錐の中に直角三角形をつくり，三平方の定理を利用する。頂点から底面に垂線をひくことが答えへの第一歩！

☐ **3** ［点と直線の距離］**右の図の正四角錐は OA＝5 cm，AB＝$3\sqrt{2}$ cm である。点 C と直線 OA の距離を求めなさい。**（12点）〔青森－改〕

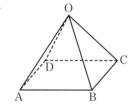

差がつく **4** ［最短の長さ］**右の図1に示した立体 A－BCDE は，底面 BCDE が正方形で，AB＝AC＝AD＝AE＝12 cm の正四角錐である。辺 AC，辺 AD，辺 AE 上にある点をそれぞれ，P，Q，R とする。**（12点×3）〔都立八王子東高－改〕

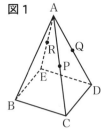

☐(1) 右の**図2**は，**図1**において，点 B と点 P，点 P と点 Q，点 Q と点 R，点 R と点 B を結んだ場合を表している。側面の二等辺三角形の頂角を 30°，BP＋PQ＋QR＋RB＝ℓ cm とする。ℓ の長さが最も短くなるとき，ℓ の長さは何 cm ですか。

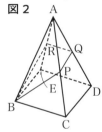

(2) BC＝8 cm のとき，

☐① **図1**において，点 P と点 Q，点 Q と点 R，点 R と点 P をそれぞれ結んだ場合を考える。AP＝AQ＝AR＝6 cm のとき，立体 A-PQR の体積は何 cm³ ですか。

☐② 右の**図3**は，**図1**において，4 点 B，P，Q，R が同じ平面上にある場合を表している。AP＝AR＝7 cm のとき，線分 AQ の長さは何 cm ですか。

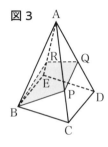

✔ Check Points ③ 底面積 S，高さ h の角錐の体積 V は，$V=\dfrac{1}{3}Sh$

1 時間目
2 時間目
3 時間目
4 時間目
5 時間目
6 時間目
7 時間目
8 時間目
9 時間目
10 時間目
11 時間目
12 時間目
13 時間目
14 時間目
15 時間目
総仕上げテスト

円錐

入試重要度 A B C

時 間 **40**分
合格点 **80**点
得点　　　点

解答 ⇒ 別冊 p.13

★重要 **1** ［最短の長さ］右の図1は，円錐の展開図である。側面の展開図の
おうぎ形は，半径6cm，中心角180°になっている。（10点×2）〔栃木〕

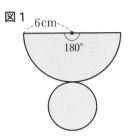

図1

6cm
180°

□(1) 底面の円の半径を求めなさい。

□(2) **図1**の展開図を組み立てた円錐の頂点をO，底面の円の直径をAB，OB
の中点をMとする。**図2**のように，側面上にAとMを最短の長さで結
ぶ線をひくとき，その線の長さを求めなさい。

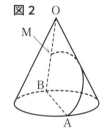

図2
O
M
B
A

★重要
□ **2** ［最短の長さ］右の図のように，底面の半径2cm，母線の長さ6cmの
円錐があり，底面の周上にある点Aから，円錐の側面を1周してもとの
点Aまで，ひもをゆるまないようにかける。ひもの長さが最も短くなる
とき，その長さを求めなさい。（10点）　〔新潟〕

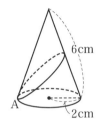

6cm
A
2cm

□ **3** ［転がした円錐］右の図のように，底面の半径が5cmの円錐
を，水平な平面上におき，頂点Oを中心として転がしたところ，
最初の位置に戻るまでに，ちょうど2回転し，点線で示した
円の上を1周した。この円錐の体積を求めなさい。ただし，
円周率はπとする。（10点）　〔大分〕

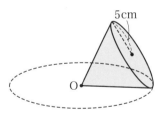

5cm
O

□ **4** ［回転体］右の図のような直角三角形ABCと，その頂点Cを通り辺AB
に平行な直線ℓがある。直線ℓを軸として，△ABCを1回転させてでき
る立体の体積を求めなさい。ただし，円周率はπとする。（10点）　〔山口〕

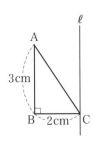

ℓ
A
3cm
B 2cm C

✔ **Check Points** ① 円錐の展開図で，底面の円の半径 r，母線 R，側面の中心角 $a°$ の関係式は，$\dfrac{a}{360}=\dfrac{r}{R}$

❶円錐の側面上を通る最短の線は，直線になる。見た目の曲線にまどわされないように！
❷円錐の側面の中心角と母線の関係式，側面積の公式は絶対に暗記しておくこと！
❸回転体の見取図をかけるように，ふだんから練習しておこう！

5 ［展開図］右の図は，ある立体の展開図である。弧 AB，DC はともに点 O を中心とする円周の一部で，直線 DA，CB は点 O を通っている。また，円 P，Q はそれぞれ弧 AB，DC に接している。DA＝CB＝3 cm，弧 AB，DC の長さはそれぞれ 6π cm，4π cm である。(10点×2) 〔愛知〕

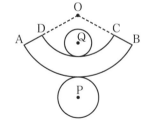

□(1) 円 P の面積と円 Q の面積の和は何 cm^2 か，求めなさい。

□(2) 展開図を組み立ててできる立体の体積は何 cm^3 か，求めなさい。

6 ［2 点間の距離］右の図は，円錐の展開図であり，側面となるおうぎ形 OAB は半径が OA＝6 cm で中心角が∠AOB＝120°である。また，点 C は $\overarc{AB}$ 上の点で，$\overarc{AC}＝\overarc{BC}$ であり，点 D は線分 OC の中点である。この展開図を組み立ててできる円錐について，答えなさい。ただし，円周率はπとする。(10点×2) 〔神奈川〕

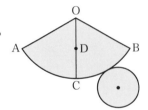

□(1) この円錐の表面積を求めなさい。

□(2) この円錐において，2 点 A，D 間の距離を求めなさい。

差がつく

□ **7** ［複雑な回転体］右の図のように，AB＝4 cm，AC＝2 cm，∠BAC＝90°の△ABC がある。△ABC において，辺 BC 上に，△ACG の面積が 1 cm^2 となるように点 G をとる。このとき，△ACG を辺 AB を軸として回転させてできる立体の体積を求めなさい。ただし，円周率はπとする。(10点) 〔北海道〕

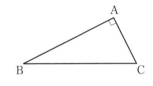

 ✔ Check Points　② 母線 R，底面の円の半径 r の円錐の側面積 S は，S＝πRr
③ 直線三角形を，直角をはさむ辺の一方を軸として 1 回転させると，円錐になる。

1 時間目
2 時間目
3 時間目
4 時間目
5 時間目
6 時間目
7 時間目
8 時間目
9 時間目
10 時間目
11 時間目
12 時間目
13 時間目
14 時間目
15 時間目
総仕上げテスト

入試重要度　**A** B C

球

時　間 **40**分
合格点 **80**点
解答 ➡ 別冊 p.15

得点

点

□ **1** ［表面積］右の図のように，半径 3 cm の球を，中心 O を通る平面で切ってできた立体の表面積を求めなさい。ただし，円周率は π とする。(10点)　〔石川〕

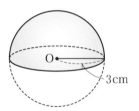

3cm

2 ［円柱に内接する球］次の問いに答えなさい。(10点×2)　〔栃木〕

□(1) 図 1 のような，半径 4 cm の球がちょうど入る大きさの円柱があり，その高さは球の直径と等しい。この円柱の体積を求めなさい。ただし，円周率は π とする。

図1

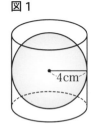

4cm

□(2) 図 2 のような，半径 4 cm の球 O と半径 2 cm の球 O′ がちょうど入っている円柱がある。その円柱の底面の中心と 2 つの球の中心 O，O′ とを含む平面で切断したときの切り口を表すと，図 3 のようになる。この円柱の高さを求めなさい。

図2　**図3**

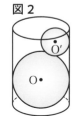

★重要
□ **3** ［正八面体に内接する球］右の図のように，1 辺の長さが 6 cm の正八面体の内部で，すべての面に接している球がある。この球の体積を求めなさい。ただし，円周率は π とする。(10点)　〔沖縄－改〕

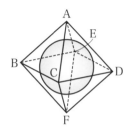

✔ **Check Points**　① 半径 r の球の表面積を S，体積を V とすると，$S = 4\pi r^2$，$V = \dfrac{4}{3}\pi r^3$

❶球が他の立体に内接する問題では，断面図を取り出して，円と平面図におきかえて考えよう！

入試攻略Points ❷断面図は，球の中心と，空間図形と球の接点を通る図を考えよう！

重要 **4** ［円錐に内接する球］右の図1のように，頂点がA，高さが12 cmの円錐(えん)の形をした容器がある。この容器の中に半径 r cmの小さい球を入れると，容器の側面に接し，Aから小さい球の最下部までの長さが3 cmのところで止まった。次に，半径 $2r$ cmの大きい球を容器に入れると，小さい球と容器の側面に接して止まり，大きい球の最上部は底面の中心Bにも接した。また，図2は，図1を正面から見た図である。円周率は π とし，容器の厚さは考えないものとする。(10点×3) 〔富山〕

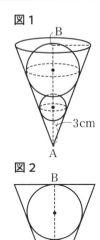

図1

図2

□(1) r の値を求めなさい。

□(2) 容器の底面の半径を求めなさい。

□(3) 大きい球が容器の側面に接している部分の長さを求めなさい。

差がつく **5** ［立方体に内接する球］右の図のように，立方体 ABCD–EFGH の内部で半径が等しい2つの球 O_1，O_2 が接している。さらに，O_1 は3つの面 AEFB，AEHD，EFGH に接し，O_2 は3つの面 ABCD，BFGC，DHGC に接している。2つの球の表面および内部を V とする。円周率は π とする。(10点×3) 〔愛光高〕

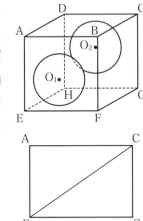

□(1) 平面 AEGC で切断したときの V の切り口を右の図にかき入れなさい。

□(2) O_1，O_2 の半径が3のとき，立方体の1辺の長さを求めなさい。

□(3) (2)のとき，AE の中点を通り，平面 ABCD に平行な面で V を切断したとき，切り口の面積を求めなさい。

✔ Check Points ② 円の接線は，接点を通る半径に垂直である。

入試重要度 **A** B C

合同の証明

時　間 **40**分
合格点 **80**点

得点　　　点

解答 ➡ 別冊 p.16

□ **1** ［長方形］**右の図の長方形 ABCD で，対角線 AC に点 B，D から垂線をひき，その交点をそれぞれ点 E，F とする。このとき，△ADF ≡△CBE となることを証明しなさい。**（10点）　〔青森〕

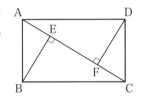

★重要
□ **2** ［正三角形］**右の図のように，正三角形 ABC において辺 AC 上に点 D をとり，AE∥BC，AD＝AE となるように点 E をとる。このとき，△ABD≡△ACE であることを証明しなさい。**（10点）　〔栃木〕

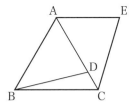

□ **3** ［三角形］**右の図のように，∠ABC＝45° である三角形 ABC がある。頂点 A から辺 BC にひいた垂線と辺 BC との交点を D とし，頂点 B から辺 AC にひいた垂線と辺 AC との交点を E とする。また，線分 AD と線分 BE との交点を F とする。このとき，△ADC≡△BDF であることを証明しなさい。**（10点）　〔新潟〕

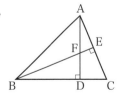

★重要 **4** ［正方形］**右の図1のように，AB＝AC の二等辺三角形 ABC があり，2 辺 AC，BC をそれぞれ 1 辺とする正方形 ACDE，BFGC を二等辺三角形 ABC の外側につくる。また，点 A と点 F を結び△ABF を，点 B と点 D を結び△DCB をそれぞれつくる。**（10点×3）　〔愛媛〕

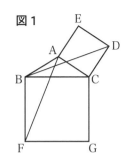

図1

□ (1) **△ABF≡△DCB であることを証明しなさい。**

 Check Points
① 三角形の合同条件(1)「3 組の辺がそれぞれ等しい」
② 三角形の合同条件(2)「2 組の辺とその間の角がそれぞれ等しい」

❶証明問題の後に数値を求める問題があるときは，たいてい証明したことがらを使って解く！
❷証明問題で困ったときは，結論から考えて，糸口を見つけよう！
入試攻略Points ❸直角三角形の 90° の角から対辺に垂線をひくと，相似な三角形が 3 組できる！

(2) 右の**図2**のように，∠BAC＝90° で，BC＝2 cm であるとき，

□① 線分 BD の長さを求めなさい。

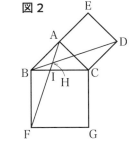
図2

□② 線分 AF と，線分 BD，BC との交点をそれぞれ H，I とする。このとき，線分 HI の長さを求めなさい。

5 [ひし形] 1 辺の長さが 5 cm のひし形 ABCD があり，対角線 BD ＝8 cm である。図1のように，辺 AB を 1 辺とする正三角形 EBA をつくる。さらに，点 P を線分 BD 上にとって，PA を 1 辺とする正三角形 QPA をつくり，点 E と Q，点 P と C を直線で結ぶ。ただし，点 P は，点 B，D とは異なる位置にあり，点 Q は直線 PA について点 E と同じ側にあるものとする。(10点×4) 〔長野〕

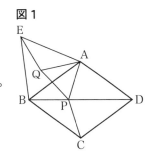
図1

□(1) 点 A と C を結んだ線分 AC の長さを求めなさい。

□(2) **図2**のように，点 Q が，線分 AB 上になく，直線 AB について点 C と同じ側にあるとき，△AEQ≡△ABP を証明しなさい。

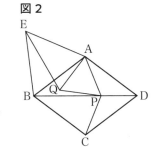
図2

□(3) 点 P を，∠BAP＝90° となるようにとるとき，△AEQ の面積を求めなさい。

差がつく □(4) 点 P を，EQ＋QP＋PC の長さが最小になるようにとるとき，EQ＋QP＋PC の長さを求めなさい。

✓ Check Points ③ 三角形の合同条件(3)「1 組の辺とその両端の角がそれぞれ等しい」
④ 直角三角形の合同条件「斜辺と 1 つの鋭角がそれぞれ等しい」，「斜辺と他の 1 辺がそれぞれ等しい」

1 時間目
2 時間目
3 時間目
4 時間目
5 時間目
6 時間目
7 時間目
8 時間目
9 時間目
10 時間目
11 時間目
12 時間目
13 時間目
14 時間目
15 時間目
総仕上げテスト

入試重要度 **A** B C

相似の証明

時間 **40**分
合格点 **80**点
得点　　　　　点

解答 ➡ 別冊 p.17

□ **1** ［台形］右の図で，四角形 ABCD は AD∥BC の台形であり，BC 上に点 E がある。線分 AC，DE の交点を F とするとき，△ADF∽△CEF となることを証明しなさい。(10点)　〔秋田 − 改〕

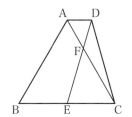

□ **2** ［三角形］右の図のように，△ABC がある。辺 AB，AC の中点をそれぞれ D，E とし，DE の延長線上に ∠BFD＝∠BAC となるような点 F をとる。BF と AC の交点を G とするとき，△ADE と △BGC が相似であることを証明しなさい。(10点)　〔兵庫〕

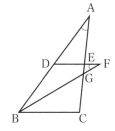

★重要 **3** ［直角二等辺三角形］右の図のように，∠BAC＝90°，AB＝$3\sqrt{2}$ cm の直角二等辺三角形 ABC がある。辺 BC 上に BP＝2 cm となる点 P をとり，辺 CA 上に ∠APQ＝45° となる点 Q をとる。(10点×3)　〔佐賀 − 改〕

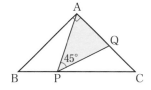

□ (1) △ABP ∽△PCQ であることを証明しなさい。

□ (2) CQ の長さを求めなさい。

□ (3) △APQ の面積を求めなさい。

✔ Check Points　① 相似な図形では，対応する辺の長さの比はすべて等しく，対応する角の大きさはそれぞれ等しい。
② 三角形の相似条件(1)「3 組の辺の比がすべて等しい」

入試攻略Points
●辺の長さや比が与えられていない２組の三角形の相似条件は「２組の角がそれぞれ等しい」に決まり！対頂角や同位角・錯角，二等辺三角形の底角などに注目しよう！
❷図形の中に，中点連結定理が使える三角形がかくれていることがあるので注意しよう！

4 ［長方形］右の図で，長方形 ABCD≡長方形 GBEF であり，点 G は辺
CD 上の点である。(10点×2)　　　　　　　　　　　　　　　　　　〔岐阜〕

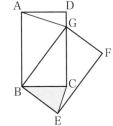

□(1) △ABG∽△CBE であることを証明しなさい。

□(2) AB＝5 cm，CG＝4 cm のとき，△CBE の面積を求めなさい。

差がつく **5** ［三角形］右の図で，△ABC は∠ABC＝90°の直角三角形である。頂点 B か
ら辺 AC に垂線をひき，辺 AC との交点を H とする。点 P は辺 AB 上にある
点で，頂点 A，頂点 B のいずれにも一致しない。点 Q は辺 BC 上にある点で，
頂点 B，頂点 C のいずれにも一致しない。点 P と点 H，点 H と点 Q をそれ
ぞれ結ぶ。ただし，∠PHQ＝90°とする。(10点×3)　　　　　〔都立八王子東高〕

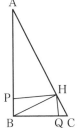

□(1) △APH∽△BQH であることを証明しなさい。

(2) AB＝10 cm，BC＝5 cm とするとき，

□① AP＝4 cm のとき，四角形 BQHP の面積は何 cm² ですか。

□② 点 P と点 Q を結んでできる△PQH を考える。△PQH の面積が最も小さくなるとき，
△PQH の面積は何 cm² ですか。

✔ Check Points　　③ 三角形の相似条件(2)「２組の辺の比とその間の角がそれぞれ等しい」
　　　　　　　　　④ 三角形の相似条件(3)「２組の角がそれぞれ等しい」

入試重要度 A B C

円と証明

得点

点

解答 ➡ 別冊 p.19

□ **1** ［円と合同］右の図のように，３つの内角がすべて鋭角である△ABC がある。辺 BC を直径とする円と辺 AB，AC との交点をそれぞれ D, E とし，線分 CD と BE との交点を F とする。DB＝DC のとき，BF ＝CA を証明しなさい。(10点)　　　　　　　　　　　　　〔北海道－改〕

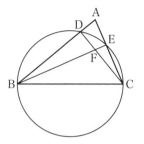

★重要 **2** ［円と合同］右の図のように，円 O の周上に４点 A，B，C，D が あり，AD＝CD とする。また，線分 AC と線分 BD の交点を E とし， ２点 A，E から線分 BC にひいた垂線と線分 BC との交点をそれぞ れ H，F とする。(10点×4)　　　　　　　　　　　　　　〔佐賀－改〕

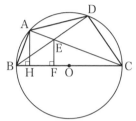

□ (1) △ABE≡△FBE であることを証明しなさい。

(2) AB＝$3\sqrt{2}$ cm，AC＝12 cm，BH＝$\sqrt{2}$ cm とするとき，

□ ① AH の長さを求めなさい。

□ ② AE の長さを求めなさい。

□ ③ 四角形 ABCD の面積は△ABE の面積の何倍か，求めなさい。

✔ Check Points
① 円に内接する四角形に対角線を２本ひくと，向かい合う三角形はそれぞれ相似になる。
② ２つの角が等しい三角形は二等辺三角形である。

●どの三角形を使って証明すればよいかわからないときは，結論の辺や角を含む三角形を探し出そう！

入試攻略Points ❷平行線と角の二等分線が与えられたとき，等しい角がいくつもできることがある！

3 ［円と相似］右の図のように，円周上に３点 A，B，C がある。∠ACB の二等分線と円周との交点を D，BD を延長した直線と CA を延長した直線との交点を E とおき，点 E を通り BC に平行な直線と CD を延長した直線との交点を F とする。(10点×3)　〔福井〕

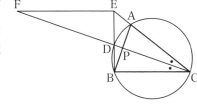

□(1) 線分 AB と線分 CD の交点を P とするとき，△DEF∽△APC であることを証明しなさい。

□(2) CA＝CB＝3 cm，AB＝2 cm とする。点 A から線分 BC に垂線をひき，線分 BC との交点を H とするとき，線分 CH の長さを求めなさい。

□(3) (2)のとき，△DBC と△DEF の面積比を求めなさい。

4 ［円と相似］右の図において，４点 A，B，C，D は円 O の円周上の点であり，△ACD は AC＝AD の二等辺三角形である。また，$\overset{\frown}{BC}=\overset{\frown}{CD}$ である。$\overset{\frown}{AD}$ 上に∠ACB＝∠ACE となる点 E をとる。AC と BD との交点を F とする。(10点×2)　〔静岡〕

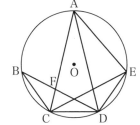

□(1) △BCF∽△ADE であることを証明しなさい。

□(2) AD＝6 cm，BC＝3 cm のとき，BF の長さを求めなさい。

✔ Check Points　③ 二等辺三角形の頂角の二等分線は，底辺を垂直に２等分する。

1 時間目
2 時間目
3 時間目
4 時間目
5 時間目
6 時間目
7 時間目
8 時間目
9 時間目
10 時間目
11 時間目
12 時間目
13 時間目
14 時間目
15 時間目
総仕上げテスト

総仕上げテスト ①

時　間 **40**分
合格点 **80**点

得点

点

解答 ➡ 別冊 p.20

1 次の問いに答えなさい。(10点×2)

□(1) 右の図のように，正五角形 ABCDE の頂点 A，B，D が，それぞれ，正三角形 PQR の辺 PQ，QR，RP 上にある。∠PDE＝40° のとき，∠CBR の大きさを求めなさい。　〔和歌山〕

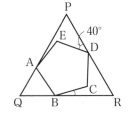

□(2) 右の図で，円 O の円周上に 2 点 A，B があり，点 B を通り，半径 OA と平行な直線が円 O と交わる点を C とする。∠ACB＝25° のとき，∠BOC の大きさを求めなさい。　〔千葉〕

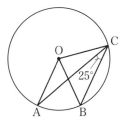

★重要 **2** 右の図 1，図 2 において，円 O は，点 O を中心とし線分 AB を直径とする円であり，AB＝6 cm である。C は，円 O の周上にあって A，B と異なる点である。O と C，B と C をそれぞれ結ぶ。△COB の内角 ∠COB の大きさは，0° より大きく，60° より小さい。D は，A を通り線分 OC に平行な直線と円 O との交点のうち A と異なる点である。O と D，C と D をそれぞれ結ぶ。(10点×3)　〔大阪－改〕

図1

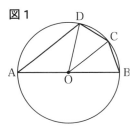

□(1) 図 1 において，△COB ≡ △COD であることを証明しなさい。

(2) 図 2 において，E は，B を通り線分 CD に平行な直線と円 O との交点のうち B と異なる点である。F は線分 BE と線分 OC との交点であり，G は線分 BE と線分 OD との交点であり，H は線分 BE と線分 AD との交点である。

図2

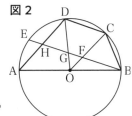

□① HD＝x cm とするとき，線分 AH の長さを x を用いて表しなさい。

□② HG＝2GF であるときの線分 EH の長さを求めなさい。

3 右の図1のように，底面の半径と高さがともに r cm の円錐（えんすい）の形をした容 器 A があり，底面が水平になるように置かれている。円周率は π とし，容 器の厚さは考えないものとする。　〔千葉〕

図1

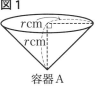

容器 A

(1) 容器 A で $r=6$ cm とする。（10点×2）

□① 容器 A に水をいっぱいに入れたとき，水の体積を求めなさい。

□② 水がいっぱいに入っている容器 A の中に，半径 2 cm の球の形をしたおもりを静かに 沈めた。このとき，容器 A からあふれ出た水の体積を求めなさい。

□(2) **図 2** は，容器 A で $r=5$ cm のときに，水をいっぱいに入れたも のである。また，**図 3** は，底面の半径と高さがともに 5 cm の円 柱の形をした容器に，半径 5 cm の半球の形をしたおもりを入れ たものであり，これを容器 B とよぶことにする。容器 A に入っ ているすべての水を，容器 B に静かに移していく。このとき， 容器 B から水はあふれるか，あふれないかを答えなさい。ただし， その理由を式とことばで書き，答えること。（15点）

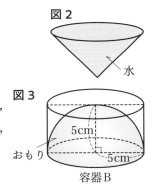

図2

水

図3

5cm

おもり

5cm

容器 B

□(3) **図 4** は，容器 A で $r=10$ cm のときに，水面の高さが 9 cm になるまで水を入れたもので ある。その中に底面の半径が 4 cm の円柱の形をしたおもりを，底面を水平にして静かに 沈めると，容器 A から水があふれ出たあと，**図 5** のように円柱の形をしたおもりの底面と 水面の高さが等しくなった。このとき，容器 A からあふれ出た水の体積を求めなさい。（15点）

図4　　　　図5

おもり

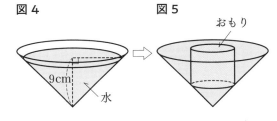

9cm

水

総仕上げテスト ②

月　日

時間 **40**分
合格点 **80**点

得点

点

解答 ➡ 別冊 p.22

1 右の図1は，「麻の葉」と呼ばれる模様の一部分であり，鹿
児島県の伝統的工芸品である薩摩切子にも使われている。
また，図形 ABCDEF は正六角形であり，図形⑦～⑪は合
同な二等辺三角形である。　　　　　　　　　　〔鹿児島〕

図1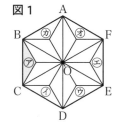

薩摩切子

□(1) 図形⑦を，点 O を回転の中心として 180°だけ回転移動
（点対称移動）させ，さらに直線 CF を対称の軸として対
称移動させたとき，重なる図形を⑦～⑪の中から，1つ選びなさい。(6点)

□(2) 図2の線分 AD を対角線とする正六角形 ABCDEF を定規とコンパ
スを用いて作図しなさい。ただし，作図に用いた線は残しておくこと。
(10点)

図2

(3) 図3は，1辺の長さが 4 cm の正六角形 ABCDEF である。点 P は点
A を出発し，毎秒 1 cm の速さで対角線 AD 上を点 D まで移動する。
点 P を通り対角線 AD に垂直な直線を ℓ とする。直線 ℓ と折れ線
ABCD との交点を M，直線 ℓ と折れ線 AFED との交点を N とする。

図3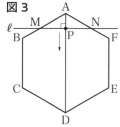

□① 点 P が移動しはじめてから 1 秒後の線分 PM の長さは何 cm ですか。
(6点)

□② 点 P が移動しはじめてから 5 秒後の△AMN の面積は何 cm² ですか。(8点)

□③ 点 M が辺 CD 上にあるとき，△AMN の面積が $8\sqrt{3}$ cm² となるのは点 P が移動しはじ
めてから何秒後ですか。ただし，点 P が移動しはじめてから t 秒後のこととして，t に
ついての方程式と計算過程も書くこと。(10点)

1時間目
2時間目
3時間目
4時間目
5時間目
6時間目
7時間目
8時間目
9時間目
10時間目
11時間目
12時間目
13時間目
14時間目
15時間目
総仕上げテスト

2 右の図のように，平行四辺形 ABCD がある。いま，辺 AB 上に，AO＝6 cm となる点 O があり，点 O を中心とし，AO を半径とする半円をかいたとき，辺 AD と点 E で交わり，辺 DC と点 F で接し，辺 BC と点 G で交わった。また，OB＝BG であり，∠AGE＝30° であった。ただし，円周率は π とする。 〔京都〕

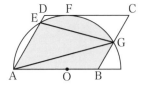

□(1) ∠EOA の大きさを求めなさい。また，$\overparen{AE}:\overparen{AF}$ を最も簡単な整数の比で表しなさい。
(5点×2)

□(2) 平行四辺形 ABCD と半円の重なった部分の面積を求めなさい。(10点)

差がつく **3** 右の図は，ある立体の展開図である。この図において，AB＝AC＝$2\sqrt{5}$ cm，BC＝4 cm，BA′＝CA′＝$2\sqrt{10}$ cm であり，点 M，N はそれぞれ辺 BA′，CA′ の中点である。 〔群馬〕

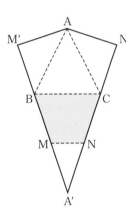

□(1) 四角形 BMNC の面積を求めなさい。(10点)

(2) この展開図を点線にそって折り曲げ，組み立てたときにできる立体について，

　□① MN とねじれの位置にある辺をすべて書きなさい。(完答10点)

　□② MN の中点から △ABC に垂線をひいたときの垂線の長さを求めなさい。(10点)

　□③ この立体の体積を求めなさい。(10点)

総仕上げテスト ③

時間 **40**分　合格点 **80**点　得点　点　解答 ➡ 別冊p.23

★重要
1 右の図のように，座標平面上の原点 O を通る円がある。この円は，原点 O のほかに，y 軸と点 A(0, 4)で，x 軸と点 B で交わる。この円の原点 O を含まない方の $\overgroup{AB}$ 上に点 P をとると，∠OPA＝30°であった。このとき，この円の中心の座標を求めなさい。(15点)　〔青森〕

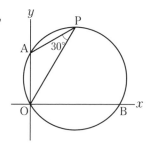

★重要
2 右の図1のような長方形 ABCD がある。図2のように，頂点 D が B と重なるように折ったときの折り目の線分を PQ，頂点 C が移った点を E とする。(10点×3)　〔富山〕

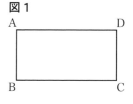
図1

□(1) 折り目の線分 PQ を図1に作図し，P，Q の記号をつけなさい。ただし，作図に用いた線は残しておくこと。

□(2) 図2で，△BPQ は二等辺三角形であることを証明しなさい。

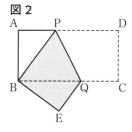
図2

□(3) AP＝3 cm，PD＝5 cm のとき，線分 PQ の長さを求めなさい。

3 右の図1のように，十分に広く平らな壁に垂直な直線上に，3点 P，Q，R がある。点 P に光源を設置し，PQ＝12 cm，QR＝60 cm とする。光源と壁の間に図形を設置し，光源を光らせたときに壁にうつる図形の影について考える。ただし，光源は小さく，影はすべて壁にうつるものとする。

〔佐賀〕

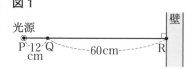
図1

(1) **図2**のように，1辺の長さが10 cmの正方形ABCDを，その対角線の交点が点Qと一致し，正方形ABCDを含む平面が壁と平行になるように設置した。光源を光らせると，壁に正方形ABCDの影である正方形A′B′C′D′がうつった。

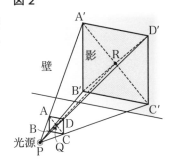

図2

□ ① 正方形A′B′C′D′の面積を求めなさい。（10点）

□ ② **図3**と**図4**は，**図2**を真横から見た図である。**図3**のように，辺BCを回転の軸として，正方形ABCDを30°傾ける場合と，**図4**のように，正方形ABCDの対角線の交点を直線PR上に保ったまま，壁に向かって正方形ABCDを15 cm平行移動する場合を考える。このとき，壁にうつる影について，**図3**での形の変化と，**図4**での面積の変化の説明として，正しい組合せを，次の**ア〜エ**の中から1つ選び，記号を書きなさい。（15点）

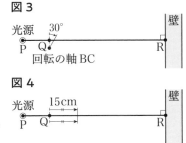

図3

図4

ア **図3**での影の形は平行四辺形になり，**図4**では影の面積は増加する。
イ **図3**での影の形は平行四辺形になり，**図4**では影の面積は減少する。
ウ **図3**での影の形は台形になり，**図4**では影の面積は増加する。
エ **図3**での影の形は台形になり，**図4**では影の面積は減少する。

(2) **図5**のように，球の中心が点Qと一致するように，半径4 cmの球を設置した。光源を光らせると，壁にうつる球の影の形は円であった。（15点×2）

図5

□ ① 壁にうつる影の半径を求めなさい。

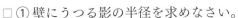

差がつく □ ② さらに，**図6**のように，立方体を，その対角線の交点が線分QR上にあり，側面が壁に接するように設置したところ，壁にうつっている影の形は円のままであった。壁にうつっている影の形を円のまま変化させないように立方体の体積を最も大きくするとき，立方体の1辺の長さを求めなさい。

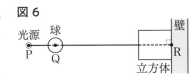

図6

試験における実戦的な攻略ポイント5つ

① 問題文をよく読もう！

問題文をよく読み，意味の取り違えや読み間違いがないように注意しよう。

選択肢問題や計算問題，記述式問題など，解答の仕方もあわせて確認しよう。

② 解ける問題を確実に得点に結びつけよう！

解ける問題は必ずある。試験が始まったらまず問題全体に目を通し，自分の解けそうな問題から手をつけるようにしよう。

くれぐれも簡単な問題をやり残ししないように。

③ 答えは丁寧な字ではっきり書こう！

答えは，誰が読んでもわかる字で，はっきりと丁寧に書こう。

せっかく解けた問題が誤りと判定されることのないように注意しよう。

④ 時間配分に注意しよう！

手が止まってしまった場合，あらかじめどのくらい時間をかけるべきかを決めておこう。解けない問題にこだわりすぎて時間が足りなくなってしまわないように。

⑤ 答案は必ず見直そう！

できたと思った問題でも，誤字脱字，計算間違いなどをしているかもしれない。ケアレスミスで失点しないためにも，必ず見直しをしよう。

受験日の前日と当日の心がまえ

前日

● 前日まで根を詰めて勉強することは避け，暗記したものを確認する程度にとどめておこう。

● 夕食の前には，試験に必要なものをカバンに入れ，準備を終わらせておこう。

また，試験会場への行き方なども，前日のうちに確認しておこう。

● 夜は早めに寝るようにし，十分な睡眠をとるようにしよう。もし翌日の試験のことで緊張して眠れなくても，遅くまでスマートフォンなどを見ず，目を閉じて心身を休めることに努めよう。

当日

● 朝食はいつも通りにとり，食べ過ぎないように注意しよう。

● 再度持ち物を確認し，時間にゆとりをもって試験会場へ向かおう。

● 試験会場に着いたら早めに教室に行き，自分の席を確認しよう。また，トイレの場所も確認しておこう。

● 試験開始が近づき緊張してきたときなどは，目を閉じ，ゆっくり深呼吸しよう。

高校入試対策
図形
最重点 暗記カード

❶ 垂直二等分線の作図　チェック欄 □

① A, B を中心とする ☐ 半径の円をかく。

② 2円の交点 P, Q を結ぶ。

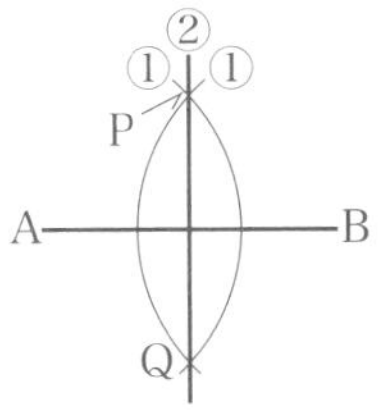

---

❷ 角の二等分線の作図 □

① O を中心とする ☐ をかく。

② P, Q を中心とする ☐ 半径の円をかく。

③ 半直線 OR をひく。

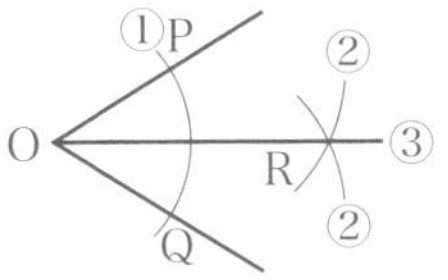

❸ 垂線の作図 ① □

▶直線上の点 P を通る垂線

① P を中心とする円をかく。

② A, B を中心とする ☐ 半径の円をかく。

③ 直線 PQ をひく。

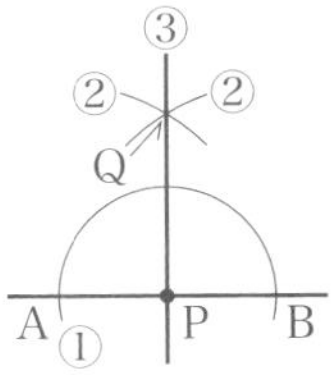

❹ 垂線の作図 ② □

▶直線外の点 P を通る垂線

① P を中心とする円をかく。

② A, B を中心とする ☐ 半径の円をかく。

③ 直線 PQ をひく。

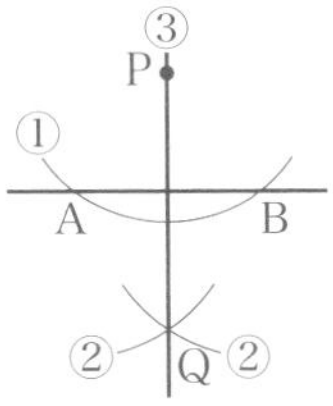

❺ 円の接線 □

① 直線 ℓ を円 O の ☐, 点 P を接点という。

② 円の接線は, 接点を通る半径に ☐ である。

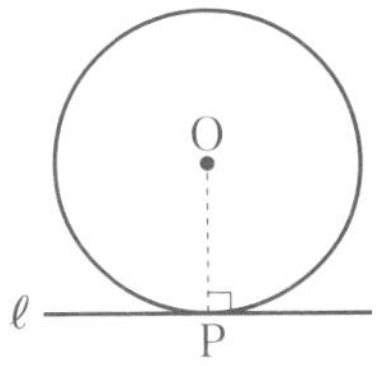

---

❻ おうぎ形の弧の長さ □

半径 r, 中心角 $a°$ のおうぎ形の弧の長さを ℓ とすると,

$\ell = $ ☐ $\times \dfrac{a}{360}$

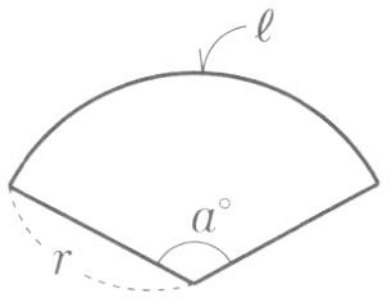

❼ おうぎ形の面積 □

半径 r, 中心角 $a°$ のおうぎ形の面積を S とすると,

$S = $ ☐ $\times \dfrac{a}{360}$

$= \dfrac{1}{2}$ ☐ (ℓ は弧の長さ)

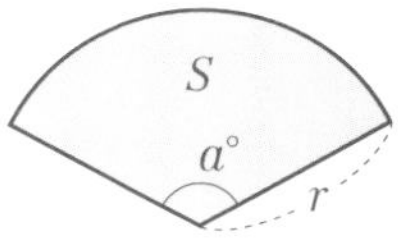

---

❽ 2直線の位置関係 □

空間内で, 平行でなく, 交わらない2直線は ☐ にあるという。

右の図で, 辺 BC とねじれの位置にある辺は, 辺 AE, DH, EF, ☐

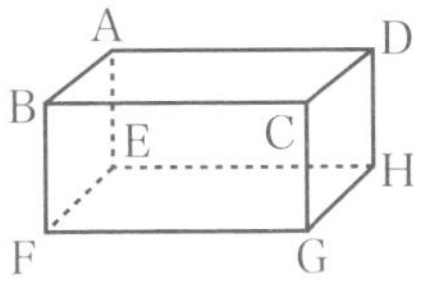

❾ 球の表面積・体積 □

半径 r の球の表面積を S, 体積を V とすると,

$S = $ ☐ 　 $V = \dfrac{4}{3}\pi r^3$

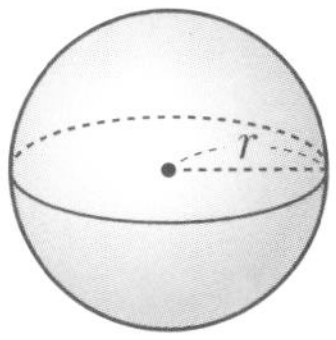

---

❿ 角柱の表面積 □

(表面積)

$= ($ ☐ $) \times 2 + ($側面積$)$

(側面積)

$= ($底面の ☐ の長さ$) \times ($高さ$)$

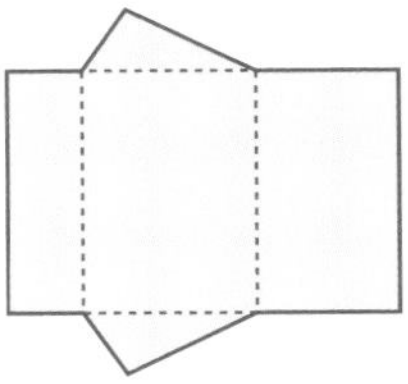

⓫ 円柱の表面積 □

半径 r, 高さ h の円柱の表面積 S は,

$S = ($底面積$) \times 2 + ($側面積$)$

$= 2\pi r^2 + 2\pi rh$

$= 2\pi r ($ ☐ $)$

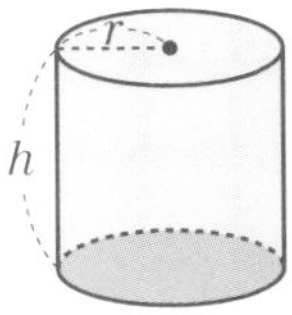

切り取り線

❶ 垂直二等分線の作図 □

① A，B を中心とする**等しい** ▢ の円をかく。

② 2 円の ▢ P，Q を結ぶ。

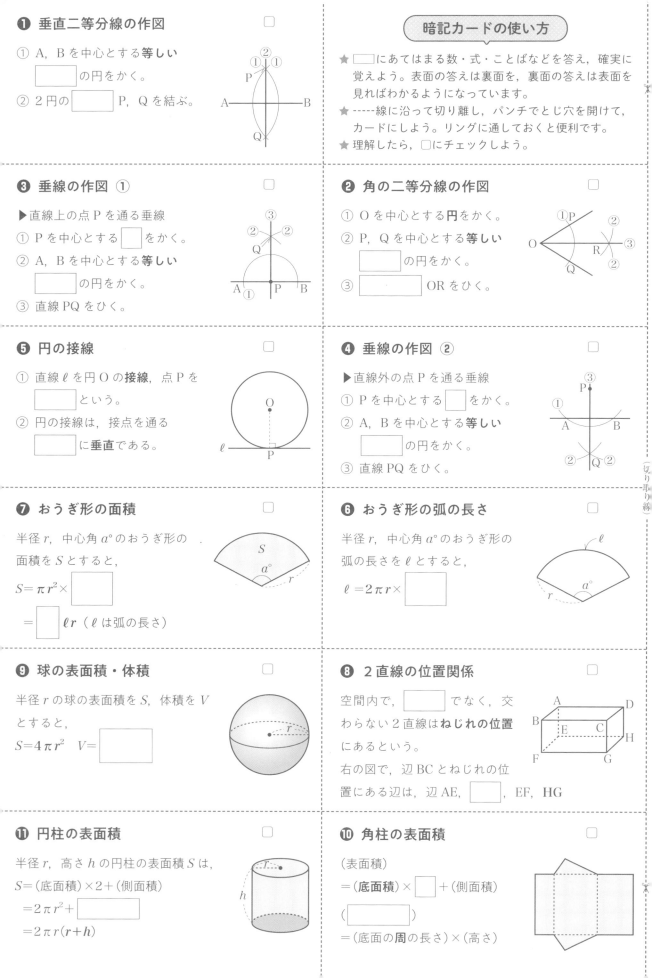

暗記カードの使い方

★ ▢ にあてはまる数・式・ことばなどを答え，確実に覚えよう。表面の答えは裏面を，裏面の答えは表面を見ればわかるようになっています。

★ -----線に沿って切り離し，パンチでとじ穴を開けて，カードにしよう。リングに通しておくと便利です。

★ 理解したら，▢ にチェックしよう。

❸ 垂線の作図 ① □

▶直線上の点 P を通る垂線

① P を中心とする ▢ をかく。

② A，B を中心とする**等しい** ▢ の円をかく。

③ 直線 PQ をひく。

❷ 角の二等分線の作図 □

① O を中心とする**円**をかく。

② P，Q を中心とする**等しい** ▢ の円をかく。

③ ▢ OR をひく。

❺ 円の接線 □

① 直線 ℓ を円 O の**接線**，点 P を ▢ という。

② 円の接線は，接点を通る ▢ に**垂直**である。

❹ 垂線の作図 ② □

▶直線外の点 P を通る垂線

① P を中心とする ▢ をかく。

② A，B を中心とする**等しい** ▢ の円をかく。

③ 直線 PQ をひく。

❼ おうぎ形の面積 □

半径 r，中心角 $a°$ のおうぎ形の面積を S とすると，

$$S = \pi r^2 \times \boxed{}$$

$$= \boxed{} \ell r \quad (\ell \text{ は弧の長さ})$$

❻ おうぎ形の弧の長さ □

半径 r，中心角 $a°$ のおうぎ形の弧の長さを ℓ とすると，

$$\ell = 2\pi r \times \boxed{}$$

❾ 球の表面積・体積 □

半径 r の球の表面積を S，体積を V とすると，

$$S = 4\pi r^2 \quad V = \boxed{}$$

❽ 2直線の位置関係 □

空間内で，▢ でなく，交わらない 2 直線は**ねじれの位置**にあるという。

右の図で，辺 BC とねじれの位置にある辺は，辺 AE，▢，EF，HG

⓫ 円柱の表面積 □

半径 r，高さ h の円柱の表面積 S は，

$S = (底面積) \times 2 + (側面積)$

$= 2\pi r^2 + \boxed{}$

$= 2\pi r(r+h)$

❿ 角柱の表面積 □

(表面積)

$= (底面積) \times \boxed{} + (側面積)$

$(\boxed{})$

$= (底面の周の長さ) \times (高さ)$

（切り取り線）

⓭ 角錐の体積 ☐

角錐の底面積を S，高さを h，体積を V とすると，

$V = \dfrac{1}{3}\boxed{}$

⓬ 角柱・円柱の体積 ☐

角柱・円柱の $\boxed{}$ を S，$\boxed{}$ を h，体積を V とすると，

$V = Sh$

特に，$\boxed{}$ は，$V = \pi r^2 h$（r は底面の半径）

⓯ 円錐の側面積 ☐

展開図から，$\ell = \boxed{}$

$S = \dfrac{1}{2}\ell R$

$ = \dfrac{1}{2}\times\boxed{}\times R$

$ = \pi R r$

⓮ 円錐の展開図 ☐

$2\pi r = \boxed{}\times\dfrac{a}{360}$ だから，

$r = R\times\dfrac{a}{360}$

a について解くと，

$a = \boxed{}\times\dfrac{r}{R}$

同じ長さ

⓱ 三角形の角 ☐

△ABC において，

① $\angle A + \angle\boxed{} + \angle ACB$

$ = 180°$

② $\angle ACD = \angle\boxed{} + \angle B$

⓰ 平行線と角 ☐

① $\ell /\!/ m$ のとき，

$\angle\boxed{} = \angle c$（同位角）

$\angle\boxed{} = \angle c$（錯角）

② 同位角または錯角が等しい

とき，2直線は $\boxed{}$ である。

⓳ 三角形の合同条件 ☐

2つの三角形は，次の各場合に合同である。

① $\boxed{}$ 組の辺がそれぞれ等しい。

② $\boxed{}$ 組の辺とその間の角がそれぞれ等しい。

③ $\boxed{}$ 組の辺とその両端の角がそれぞれ等しい。

⓲ 多角形の角 ☐

n 角形で，

① 内角の和は，

$\boxed{}° \times (n-2)$

② $\boxed{}$ の和は $360°$ で，つね

に一定である。

㉑ 正三角形 ☐

① 正三角形の性質

（定義）3つの辺がすべて等しい三角形

$\boxed{}$ はすべて等しい。

② 正三角形になる条件

3つの $\boxed{}$ が等しい三角形は，正三角形である。

⓴ 二等辺三角形の性質 ☐

（$\boxed{}$） 2つの辺が等しい三角形

① 2つの底角は $\boxed{}$。

② $\boxed{}$ の二等分線は，底辺を

垂直に2等分する。

㉓ 平行四辺形の性質 ☐

（定義） 2組の $\boxed{}$ がそれぞれ平行な四角形

① $\boxed{}$ の対辺はそれぞれ等しい。

② 2組の $\boxed{}$ はそれぞれ等しい。

③ 対角線はそれぞれの $\boxed{}$ で交わる。

㉒ 直角三角形の合同条件 ☐

① 直角三角形で，直角に対する辺を斜辺という。

② 2つの直角三角形は，次の各場合に合同である。

㋐ 斜辺と $\boxed{}$ 鋭角がそれぞれ等しい。

㋑ 斜辺と $\boxed{}$ 1辺がそれぞれ等しい。

⑫ 角柱・円柱の体積

角柱・円柱の**底面積**を S, **高さ**を h, 体積を V とすると,

$V=$ ☐

特に, **円柱**は, $V=$ ☐ h(r は底面の半径)

⑬ 角錐の体積

角錐の底面積を S, 高さを h, 体積を V とすると,

$V=$ ☐ Sh

⑭ 円錐の展開図

$2\pi r=2\pi R\times\dfrac{a}{360}$ だから,

$r=$ ☐

a について解くと, $a=360\times$ ☐

同じ長さ

⑮ 円錐の側面積

展開図から, $\ell=2\pi r$

$S=\dfrac{1}{2}\ell R$

$=\dfrac{1}{2}\times2\pi r\times R$

$=$ ☐

⑯ 平行線と角

① $\ell /\!/ m$ のとき,

$\angle a=\angle c$ (☐ 角)

$\angle b=\angle c$ (☐ 角)

② ☐ または ☐ が等しいとき, 2直線は**平行**である。

⑰ 三角形の角

$\triangle ABC$ において,

① $\angle A+\angle B+\angle ACB$

$=$ ☐ °

② $\angle$ ☐ $=\angle A+\angle B$

⑱ 多角形の角

n 角形で,

① 内角の和は,

$180°\times($ ☐ $)$

② **外角**の和は ☐ °で, つねに一定である。

⑲ 三角形の合同条件

2つの三角形は, 次の各場合に合同である。

① 3組の ☐ がそれぞれ等しい。

② 2組の辺と ☐ がそれぞれ等しい。

③ 1組の辺と ☐ がそれぞれ等しい。

⑳ 二等辺三角形の性質

(定義) ☐ が等しい三角形

① 2つの ☐ は**等しい**。

② **頂角**の二等分線は, 底辺を ☐ に2等分する。

㉑ 正三角形

① 正三角形の性質

(定義) ☐ がすべて等しい三角形

3つの角はすべて等しい。

② 正三角形になる条件

☐ つの**角**が等しい三角形は, 正三角形である。

㉒ 直角三角形の合同条件

① 直角三角形で, 直角に対する辺を ☐ という。

② 2つの直角三角形は, 次の各場合に合同である。

㋐ 斜辺と**1つの** ☐ がそれぞれ等しい。

㋑ 斜辺と**他の** ☐ がそれぞれ等しい。

㉓ 平行四辺形の性質

(定義) 2組の**対辺**がそれぞれ ☐ な四角形

① **2組の** ☐ はそれぞれ等しい。

② ☐ の**対角**はそれぞれ等しい。

③ ☐ はそれぞれの**中点**で交わる。

（切り取り線）

㉔ 平行四辺形になる条件 ☐

① 2組の対辺がそれぞれ ☐ である。（定義）

② 2組の ☐ がそれぞれ等しい。

③ ☐ の対角がそれぞれ等しい。

④ 対角線がそれぞれの ☐ で交わる。

⑤ 1組の ☐ が平行で，その長さが等しい。

㉕ 特別な平行四辺形 ☐

① 長方形…4つの ☐ が等しい。

ひし形…4つの ☐ が等しい。

正方形…4つの ☐ が等しく，4つの角が等しい。

② 長方形，ひし形，正方形はどれも ☐ の性質をもっている。

㉖ 四角形の対角線 ☐

① 長方形の対角線は， ☐ が等しい。

ひし形の対角線は， ☐ に交わる。

正方形の対角線は， ☐ が等しく，垂直に交わる。

② ①の四角形の対角線はそれぞれの ☐ で交わる。

㉗ 平行線と面積 ☐

辺 AB が共通な△PAB と△QAB において，

PQ ∥ AB

⇕

△PAB ☐ △QAB

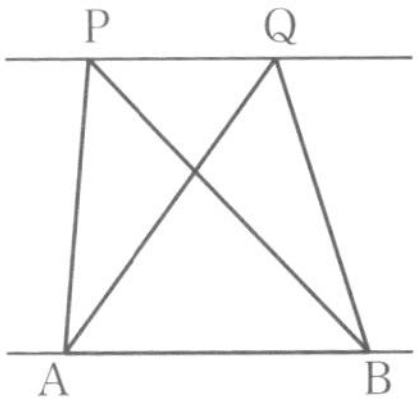

㉘ 三角形の相似条件 ☐

2つの三角形は，次の各場合に相似である。

① ☐ の辺の比がすべて等しい。

② ☐ の辺の比とその間の角がそれぞれ等しい。

③ ☐ の角がそれぞれ等しい。

㉙ 平行線と線分の比 ☐

DE ∥ BC

⇕

① AD : AB＝AE : ☐

＝ ☐ : BC

② AD : DB＝AE : ☐

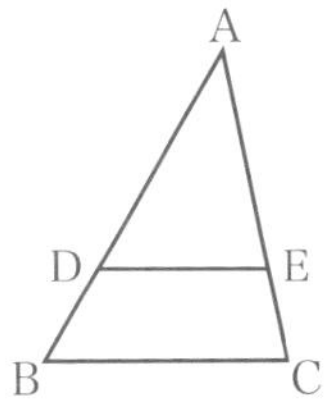

㉚ 角の二等分線の定理 ☐

△ABC の AD が∠BAC の二等分線のとき，

AB : AC＝ ☐ : ☐

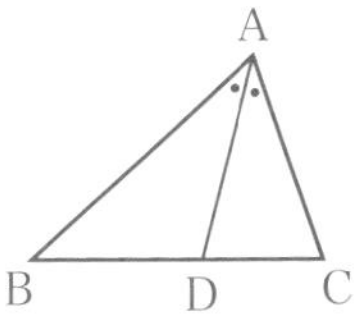

㉛ 中点連結定理とその逆 ☐

M，N が AB，AC の中点

⇕

MN ☐ BC

MN＝ ☐ BC

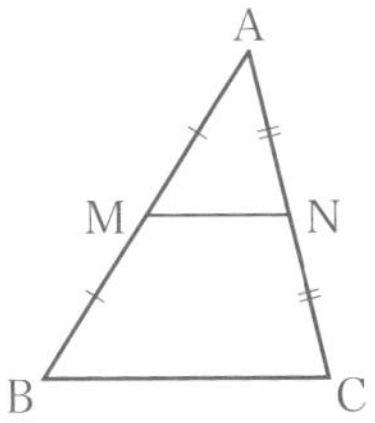

㉜ 三角形の底辺の比と面積比 ☐

高さが共通な三角形の面積比は，底辺の比に等しい。

△ABD : △ADC

⇕

BD : ☐

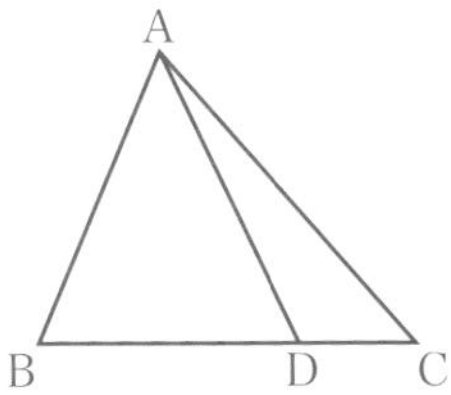

㉝ 共通な角をもつ三角形の面積比 ☐

∠A が共通な2つの三角形で，

△ABC : △ADE

＝(AB×AC) : (☐ ×AE)

※2つの三角形が相似でなくても成り立つ。

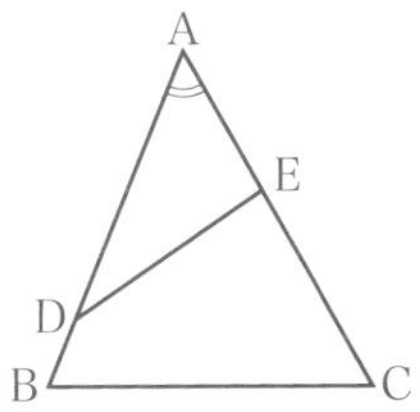

㉞ 相似な図形の面積比 ☐

2つの相似な平面図形で，

相似比 $m : n$

⇕

周の比 ☐ : n

面積比 m^2 : ☐

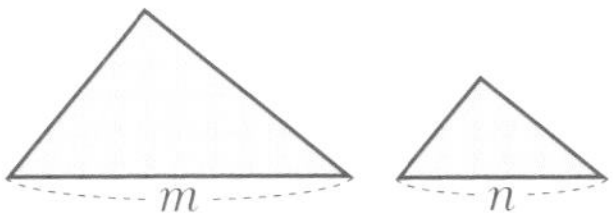

㉟ 相似な立体の表面積比・体積比 ☐

2つの相似な立体で，

相似比 $m : n$

⇕

表面積比 ☐ : n^2

体積比 ☐ : n^3

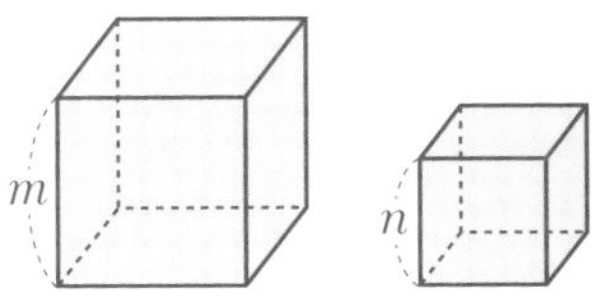

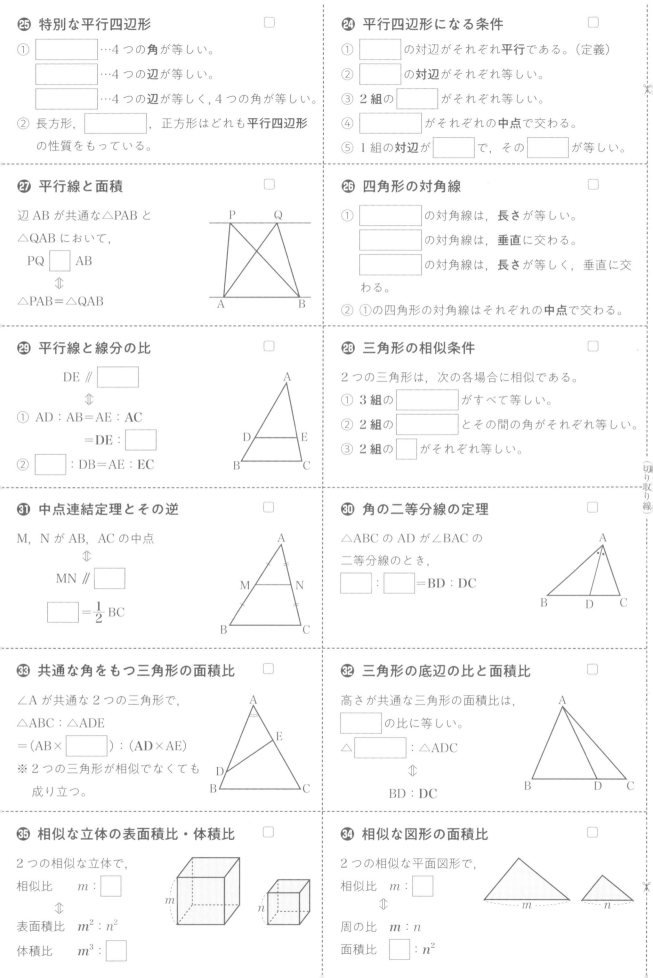

㉕ 特別な平行四辺形 　□

① ［　　　　　］…4 つの**角**が等しい。

　［　　　　　］…4 つの**辺**が等しい。

　［　　　　　］…4 つの**辺**が等しく，4 つの**角**が等しい。

② 長方形，［　　　　　］，正方形はどれも**平行四辺形**の性質をもっている。

㉔ 平行四辺形になる条件 　□

① ［　　　］の対辺がそれぞれ**平行**である。（定義）

② ［　　　］の**対辺**がそれぞれ等しい。

③ 2 組の［　　　］がそれぞれ等しい。

④ ［　　　］がそれぞれの**中点**で交わる。

⑤ 1 組の**対辺**が［　　　］で，その［　　　］が等しい。

㉗ 平行線と面積 　□

辺 AB が共通な△PAB と△QAB において，

PQ ［　］ AB

⇕

△PAB＝△QAB

㉖ 四角形の対角線 　□

① ［　　　　］の対角線は，**長さ**が等しい。

　［　　　　］の対角線は，**垂直**に交わる。

　［　　　　］の対角線は，**長さ**が等しく，**垂直**に交わる。

② ①の四角形の対角線はそれぞれの**中点**で交わる。

㉙ 平行線と線分の比 　□

DE // ［　　　］

⇕

① AD：AB＝AE：**AC**

　　＝**DE**：［　　　］

② ［　　　］：DB＝AE：**EC**

㉘ 三角形の相似条件 　□

2 つの三角形は，次の各場合に相似である。

① 3 組の［　　　　　］がすべて等しい。

② 2 組の［　　　　　］とその間の角がそれぞれ等しい。

③ 2 組の［　］がそれぞれ等しい。

㉛ 中点連結定理とその逆 　□

M, N が AB, AC の中点

⇕

MN // ［　　　］

［　　　］＝$\frac{1}{2}$ BC

㉚ 角の二等分線の定理 　□

△ABC の AD が∠BAC の二等分線のとき，

［　　　］：［　　　］＝BD：DC

㉝ 共通な角をもつ三角形の面積比 　□

∠A が共通な 2 つの三角形で，

△ABC：△ADE

＝（AB×［　　　］）：（**AD**×**AE**）

※ 2 つの三角形が相似でなくても成り立つ。

㉜ 三角形の底辺の比と面積比 　□

高さが共通な三角形の面積比は，

［　　　　］の比に等しい。

△［　　　　］：△ADC

⇕

BD：DC

㉟ 相似な立体の表面積比・体積比 　□

2 つの相似な立体で，

相似比　 m：［　］

⇕

表面積比　 m^2：n^2

体積比　 m^3：［　］

㉞ 相似な図形の面積比 　□

2 つの相似な平面図形で，

相似比　 m：［　］

⇕

周の比　 m：n

面積比　 ［　］：n^2

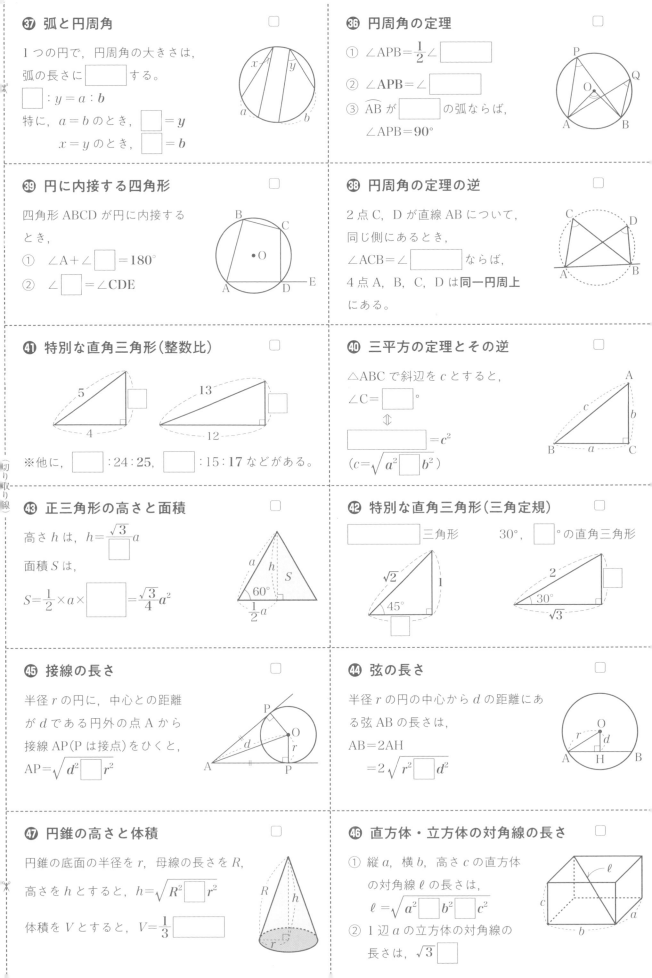

㊲ 弧と円周角 ☐

1 つの円で，円周角の大きさは，
弧の長さに ☐ する。

☐ $: y = a : b$

特に，$a = b$ のとき，☐ $= y$

　　　$x = y$ のとき，☐ $= b$

㊱ 円周角の定理 ☐

① $\angle APB = \dfrac{1}{2} \angle$ ☐

② $\angle APB = \angle$ ☐

③ $\widehat{AB}$ が ☐ の弧ならば，

　　$\angle APB = 90°$

㊳ 円に内接する四角形 ☐

四角形 ABCD が円に内接する

とき，

① $\angle A + \angle$ ☐ $= 180°$

② $\angle$ ☐ $= \angle CDE$

㊳ 円周角の定理の逆 ☐

2 点 C，D が直線 AB について，

同じ側にあるとき，

$\angle ACB = \angle$ ☐ ならば，

4 点 A，B，C，D は同一円周上

にある。

㊶ 特別な直角三角形(整数比) ☐

5　4

13　12

※他に，☐ $: 24 : 25$，☐ $: 15 : 17$ などがある。

㊵ 三平方の定理とその逆 ☐

△ABC で斜辺を c とすると，

$\angle C =$ ☐ 。

⇕

☐ $= c^2$

$(c = \sqrt{a^2 \; ☐ \; b^2})$

㊸ 正三角形の高さと面積 ☐

高さ h は，$h = \dfrac{\sqrt{3}}{☐} a$

面積 S は，

$S = \dfrac{1}{2} \times a \times$ ☐ $= \dfrac{\sqrt{3}}{4} a^2$

㊷ 特別な直角三角形(三角定規) ☐

☐ 三角形　　　　30°，☐ °の直角三角形

$\sqrt{2}$　1　　45°

2　30°　$\sqrt{3}$

㊺ 接線の長さ ☐

半径 r の円に，中心との距離

が d である円外の点 A から

接線 AP(P は接点)をひくと，

$AP = \sqrt{d^2 \; ☐ \; r^2}$

㊹ 弦の長さ ☐

半径 r の円の中心から d の距離にあ

る弦 AB の長さは，

$AB = 2AH$

　　$= 2\sqrt{r^2 \; ☐ \; d^2}$

㊼ 円錐の高さと体積 ☐

円錐の底面の半径を r，母線の長さを R，

高さを h とすると，$h = \sqrt{R^2 \; ☐ \; r^2}$

体積を V とすると，$V = \dfrac{1}{3}$ ☐

㊻ 直方体・立方体の対角線の長さ ☐

① 縦 a，横 b，高さ c の直方体

　の対角線 ℓ の長さは，

　$\ell = \sqrt{a^2 \; ☐ \; b^2 \; ☐ \; c^2}$

② 1 辺 a の立方体の対角線の

　長さは，$\sqrt{3}$ ☐

㊱ 円周角の定理

① ∠APB＝□∠AOB

② ∠□＝∠AQB

③ $\overset{\frown}{AB}$ が**半円**の弧ならば，
∠APB＝□°

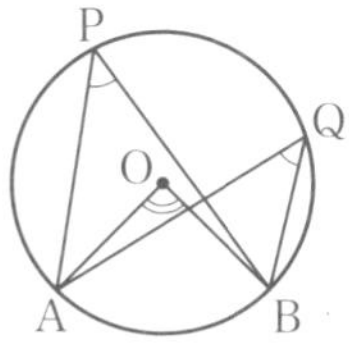

㊲ 弧と円周角

1つの円で，円周角の大きさは，
弧の長さに**比例**する。

$x : y = a :$ □

特に，$a = b$ のとき，x＝□
$x = y$ のとき，a＝□

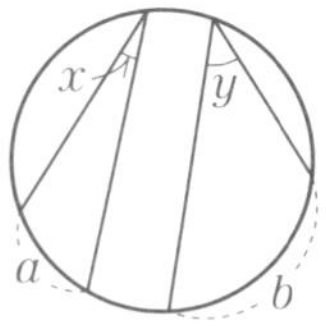

㊳ 円周角の定理の逆

2点C，Dが直線ABについて，同じ側にあるとき，
∠ACB＝∠**ADB** ならば，4点A，B，C，Dは□にある。

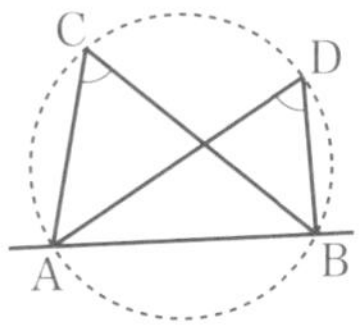

㊴ 円に内接する四角形

四角形ABCDが円に内接するとき，

① ∠A＋∠**C**＝□°

② ∠**B**＝∠□

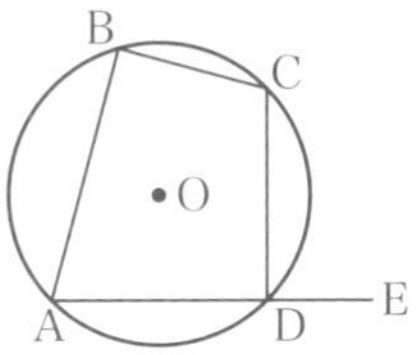

㊵ 三平方の定理とその逆

△ABCで斜辺を c とすると，

∠C＝**90°**

⇕

$a^2+b^2=$ □

($c=\sqrt{□+□}$)

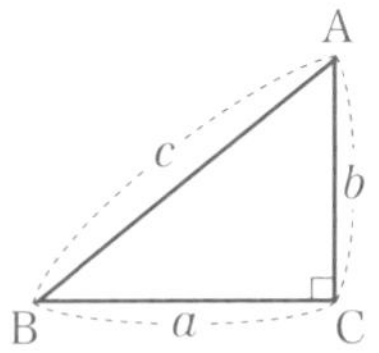

㊶ 特別な直角三角形(整数比)

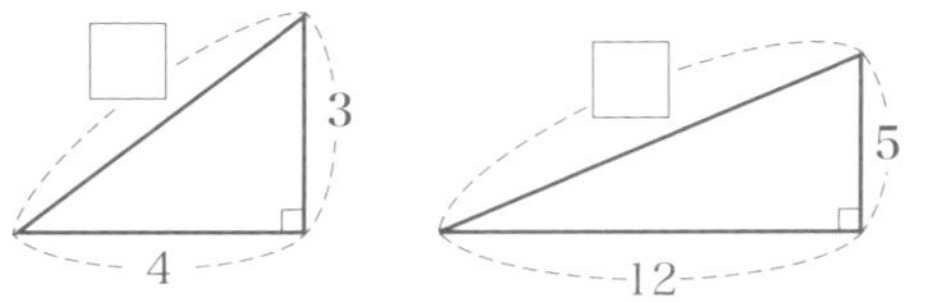

※他に，7：24：□，8：15：□ などがある。

㊷ 特別な直角三角形(三角定規)

直角二等辺三角形

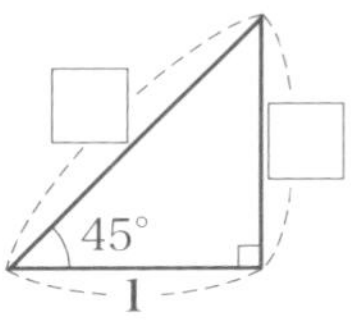

30°，**60°** の直角三角形

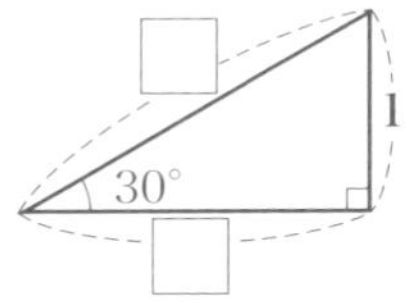

㊸ 正三角形の高さと面積

高さ h は，$h=\frac{□}{2}a$

面積 S は，

$S=\frac{1}{2}\times a\times\frac{\sqrt{3}}{2}a=$ □

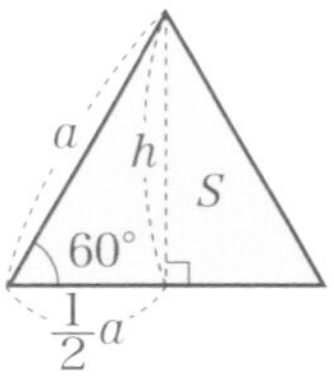

㊹ 弦の長さ

半径 r の円の中心から d の距離にある弦ABの長さは，

AB＝2AH
$=2\sqrt{□-□}$

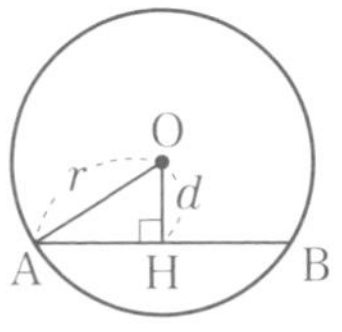

㊺ 接線の長さ

半径 r の円に，中心との距離が d である円外の点Aから接線AP(Pは接点)をひくと，

$AP=\sqrt{□-□}$

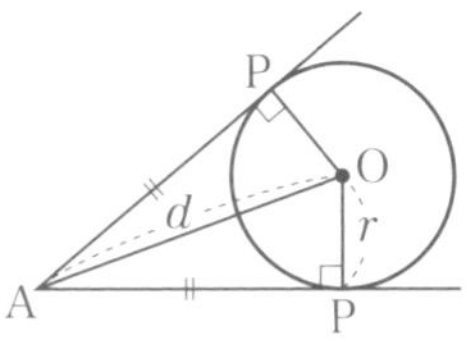

㊻ 直方体・立方体の対角線の長さ

① 縦 a，横 b，高さ c の直方体の対角線 ℓ の長さは，
$\ell=\sqrt{□+□+□}$

② 1辺 a の立方体の対角線の長さは，□a

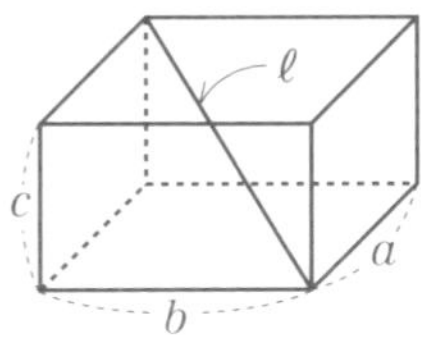

㊼ 円錐の高さと体積

円錐の底面の半径を r，母線の長さを R，

高さを h とすると，$h=\sqrt{□-□}$

体積を V とすると，$V=$ □ πr^2h

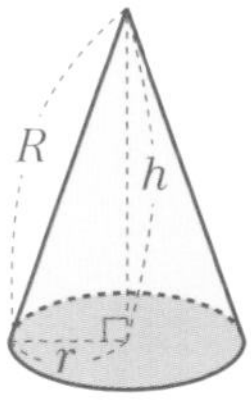

(切り取り線)

解答・解説

1時間目 作 図

解答（pp.4〜5）

1 (1)

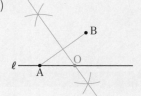

(2) (例)

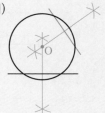

2

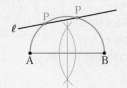

3

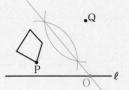

4

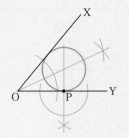

5 (例)

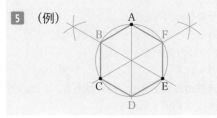

6

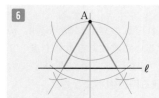

7 (例)

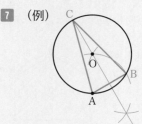

解 説

1 (1)求める円の中心 O は，2 点 A，B から等しい距離にある点だから，線分 AB の**垂直二等分線**と直線 ℓ の交点である。

(2)与えられた弦とは別に，もう 1 本適当な弦をかく。それぞれの弦の垂直二等分線の交点が円の中心 O である。

別解 **円の中心は，その円の弦の垂直二等分線上にある**から，弦 AB の垂直二等分線をかく…①

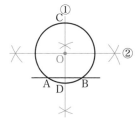

①の垂直二等分線と円の交点を C，D とし，円の直径 CD の垂直二等分線をかく…②

①，②の交点が円の中心 O である。

2 半円の弧に対する円周角は 90° になることを利用する。

点 A と B を結び，AB の垂直二等分線と AB との交点 O を中心とし，半径 OA の半円をかく。この半円と ℓ との交点が P であり，点 P は 2 つできる。

3 直線 ℓ 上の点 O を回転の中心として，点 P が点 Q に回転移動するので，PO＝QO

よって，線分 PQ の垂直二等分線と ℓ との交点を O とすればよい。

ひっぱると、はずして使えます。

4 円の接線と，接点を通る半径は垂直に交わることを利用する。また，円の中心は OX，OY から等しい距離にあるから，∠XOY の**二等分線**上にある。よって，点 P を通る OY の**垂線**と，∠XOY の二等分線の交点が円の中心となる。

5 線分 AC，AE のそれぞれの垂直二等分線 ℓ，m（ℓ は点 A と C から等しい距離にある点を 1 点とり，E と結ぶだけでよい。m も同様。）の交点 O が正六角形の 6 つの頂点を通る円の中心になる。
そして，点 O を中心として点 A を通る円をえがくと，直線 ℓ，m との交点がそれぞれ B，F で，さらに，線分 AO を O の方向に延長すると，円との交点が D となる。

<u>別解</u> ∠CAE と∠ACE のそれぞれの二等分線 ℓ，m の交点 O を中心とし，半径 OA の円をかく。この円と ℓ，m，直線 EO との交点がそれぞれ D，F，B となる。

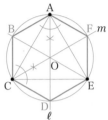

6 点 A を通る ℓ の垂線 m をひく。次に，m 上に適当な点 B をとり，A，B を中心とする半径 AB の円をそれぞれえがき，その交点を C，D とする。

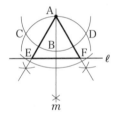

AB＝AC＝BC より，△ABC は正三角形になるから，∠BAC＝60°
同様に，∠BAD＝60° だから，それぞれの角の二等分線をかき，ℓ との交点を E，F とする。二等辺三角形 AEF の頂角 EAF が 60° だから，正三角形である。

7 ∠ACB＝30° より，∠AOB＝2∠ACB＝60°
A を中心とする半径 OA の円と円の交点の 1 つが B である。
∠ACB＝30° で，CA＝CB とならなければならないから，C は線分 AB の垂直二等分線と円 O の交点のうち，直線 AB について O と同じ側の交点である。

<u>別解</u> 右のような図でもよい。

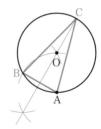

解答（pp.6〜7）

1 (1) 58°　(2) 60°　(3) 65°　(4) 130°
2 (1) 162°　(2) $n＝18$
3 59°
4 (1) 33°　(2) 98°
5 $x＝90＋\dfrac{a}{2}$
6 56°
7 240°

解　説

1 (1) 右の図のように，ℓ，m に平行な直線をひくと，**平行線の錯角は等しいから**，
∠$a＝33°$，
∠$b＝40°－15°＝25°$
よって，∠$x＝$∠$a＋$∠$b＝58°$

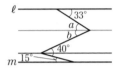

(2) 右の図のように，ℓ，m に平行な半直線 BC をひくと，
∠ABC＝40°－25°＝15°
平行線の同位角は等しいことと，三角形の外角はそれととなり合わない 2 つの内角の和に等しいことから，
∠$x＝75°－15°＝60°$

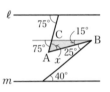

(3) 右の図のように，ℓ，m に平行な直線をひく。
三角形の内角と外角の性質から，
∠$a＝30°＋20°＝50°$
よって，
∠$x＝115°－50°＝65°$

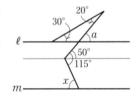

(4) 右の図のように，補助線をひき，△ABC をつくると，
∠$x＝$∠BAC＋∠ACB
　＝（25°＋75°）
　　＋（180°－150°）
　＝130°

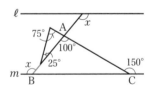

2 (1) 正二十角形の内角の和は，
180°×（20－2）＝3240°
よって，1 つの内角の大きさは，
3240°÷20＝162°
<u>別解</u> 多角形の外角の和は 360° だから，1 つの外角の大きさは，360°÷20＝18°

よって，1つの内角の大きさは，$180° - 18° = 162°$

(2) 1つの外角の大きさは，$180° - 160° = 20°$ だから，
$n = 360° ÷ 20° = 18$

3 正五角形の1つの内角の大きさは，
$180° × (5-2) ÷ 5 = 108°$
右の図のように，ℓ，m に平行な直線BFをひくと，
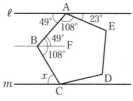
$∠ABF = 180° - (108° + 23°) = 49°$
よって，$∠x = ∠CBF = 108° - 49° = 59°$

4 (1)右の図のように，$∠ABC = x$ とすると，
DA//BC より，
$∠DAB = x$ とおける。
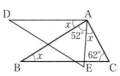
回転させた三角形は合同だから，$∠BAC = ∠DAE$
$∠BAE + ∠EAC = ∠DAB + ∠BAE$ より，
$∠EAC = ∠DAB = x$
$△ABC$ で，$x + (52° + x) + 62° = 180°$
よって，$x = 33°$

(2)折り返した三角形は合同だから，
$∠DAE = ∠DFE = 72°$
$△ABC$ で，$∠ABC = 180° - (72° + 67°) = 41°$
DE//BC より，$∠ADE = 41°$
また，$∠FDE = ∠ADE = 41°$ だから，
$∠BDF = 180° - 41° × 2 = 98°$

5 $∠ABC = b°$，$∠ACB = c°$ とすると，
$△ABC$ で，$b + c = 180 - a$
$∠IBC + ∠ICB = \dfrac{1}{2}(b + c) = 90 - \dfrac{a}{2}$
よって，$△IBC$ で，
$x = 180 - \left(90 - \dfrac{a}{2}\right) = 90 + \dfrac{a}{2}$

6 AD//BC より，$∠ADB = ∠DBC = 34°$
$∠ADC = 34° + 102° = 136°$
AD = DC より，$△DAC$ は二等辺三角形だから，
$∠DAC = (180° - 136°) ÷ 2 = 22°$
よって，$△AED$ で，三角形の内角と外角の性質より，
$∠AEB = 34° + 22° = 56°$

7 ℓ//m より，右の図のように$∠x$を移すと，
$∠A = 60°$ だから，三角形の内角と外角の性質より，
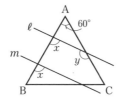
$∠y = 60° + (180° - ∠x)$
よって，$∠x + ∠y = 240°$

3時間目 円周角の定理

解答（pp.8～9）

1 (1) $40°$　(2) $100°$　(3) $40°$
2 (1)$∠BAC = 35°$，$∠ADB = 20°$　(2) $48°$
3 (1) $95°$　(2) $122°$
4 (1) $117°$　(2)$∠x = 45°$，$∠y = 67.5°$
5 $37°$

解　説

1 (1)同じ弧に対する円周角の大きさは等しいから，
$∠CBD = ∠CAD = 30°$
三角形の内角と外角の性質より，
$∠ACB = 70° - 30° = 40°$

(2) 1つの弧に対する中心角の大きさは，その弧に対する円周角の大きさの2倍だから，
$∠x = (30° + 20°) × 2 = 100°$

(3)$∠AOB = 2∠ACB = 100°$
OA，OB は半径だから，$△OAB$ は二等辺三角形である。
よって，$∠OBA = (180° - 100°) ÷ 2 = 40°$

2 (1)$∠BAC = \dfrac{1}{2}∠BOC = 35°$
AB//OC より，$∠ABD = ∠BOC = 70°$
BD は直径で，半円の弧に対する円周角だから，
$∠BAD = 90°$
よって，$△ABD$ で，
$∠ADB = 180° - (70° + 90°) = 20°$

(2)$△OBC$ は二等辺三角形だから，
$∠BOC = 180° - 74° × 2 = 32°$
AE//BD より，$∠AEO = ∠BOC = 32°$
対頂角だから，$∠EOD = ∠BOC = 32°$
また，$∠EAD = \dfrac{1}{2}∠EOD = 16°$
よって，$△EAF$ で，三角形の内角と外角の性質より，
$∠EFD = 32° + 16° = 48°$

3 (1)三角形の内角と外角の性質より，
$∠AOB = x - 21°$，$∠ACB = x - 58°$
同じ弧に対する中心角と円周角の関係より，
$∠AOB = 2∠ACB$ が成り立つから，
$x - 21° = 2(x - 58°)$
よって，$x = 95°$

(2)$∠DAB = \dfrac{1}{2}∠DOB = \dfrac{x}{2}$
円に内接する四角形の対角の和は $180°$ だから，
$∠DAB + ∠DCB = 180°$ …①
また，$∠BCE + ∠DCB = 180°$ …②

①，②より，∠BCE＝∠DAB＝$\dfrac{x}{2}$

また，∠CBE＝∠FAB＋∠BFA＝$\dfrac{x}{2}$＋38°

よって，△CBE で，

$\dfrac{x}{2}$＋$\left(\dfrac{x}{2}＋38°\right)$＋20°＝180°

$x=122°$

4 (1) A と D を結ぶ。

同じ長さの弧に対する円周角の大きさは等しく，

弧の長さと円周角の大きさは比例するから，

∠CAD＝$\dfrac{4}{2}$∠BAC＝36°

∠BDA＝$\dfrac{3}{2}$∠BAC＝27°

よって，△AED で，

∠AED＝180°－（36°＋27°）＝117°

(2)右の図で，円周角の定理より，

中心を O として，

∠AOB＝360°×$\dfrac{2}{8}$＝90°より，

∠x＝$\dfrac{1}{2}$∠AOB＝45°

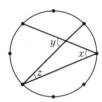

右の図のように，∠zとすると，

弧の長さと円周角の大きさは

比例するから，

∠z＝$\dfrac{1}{2}$∠x＝22.5°

よって，∠y＝∠x＋∠z

＝45°＋22.5°＝67.5°

5 △CDE で三角形の内角と外角の性質より，

∠ECD＝100°－68°＝32°

∠ABD＝∠ACD＝32°で，2点 B，C が直線 AD

について同じ側にあるから，4点 A，B，C，D は

同一円周上にある。

よって，$\overset{\frown}{CD}$ に対する円周角だから，

∠CAD＝∠CBD＝180°－（100°＋43°）＝37°

！ここに注意 円周角の定理の逆

右の図のように2点 C，
D が直線 AB について同
じ側にあるとき，
∠ACB＝∠ADB ならば，
4点 A，B，C，D は同一
円周上にある。

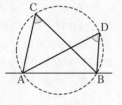

4時間目 相似な図形

解答（pp.10～11）

1 (1) 5 cm　(2) $x=\dfrac{12}{7}$　(3) $\dfrac{24}{5}$ cm

2 (1) $x=\dfrac{5}{3}$，$y=\dfrac{7}{2}$　(2) 10

3 $a=\dfrac{4}{3}$

4 4 cm

5 $\dfrac{5}{24}$ 倍

6 (1) 5：3　(2) $\dfrac{16}{5}$ 倍

解説

1 (1)△ABC と△AED において，

∠ACB＝∠ADE　∠A は共通

2 組の角がそれぞれ等しいから，

△ABC∽△AED になる。

相似な図形の対応する辺の長さの比は等しいから，

AB：AE＝AC：AD

CE＝x cm とすると，

6：3＝（3＋x）：4　3（3＋x）＝6×4

よって，$x=5$

(2)右の図より，

△ADE∽△ABC だから，

AD：AB＝DE：BC より，

（3－x）：3＝x：4

よって，$x=\dfrac{12}{7}$

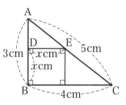

(3)PD と CE の交点を R とすると，

△DCR∽△DBP だから，

DC：DB＝1：2 より，

CR＝$\dfrac{1}{2}$BP＝$\dfrac{1}{2}$×（8－2）＝3（cm）

また，△APQ∽△CRQ だから，

AQ：CQ＝AP：CR＝2：3

よって，QC＝$\dfrac{3}{2＋3}$AC＝$\dfrac{3}{5}$×8＝$\dfrac{24}{5}$（cm）

2 (1)ℓ∥m∥n より，

2：4＝x：（5－x）

よって，$x=\dfrac{5}{3}$

また，右の図のように，

A を通り，直線 p に平

行な直線をひくと，

BC＝（5－y）cm，DE＝（8－y）cm

△ABC∽△ADE だから，

AB：AD＝BC：DE より，

$2:(2+4)=(5-y):(8-y)$

よって, $y=\dfrac{7}{2}$

(2)右の図のように, 辺 DC に平
行な直線をひき, BC, EF との
交点を G, H とすると,

$EH=8-3=5$

$BG=11-3=8$

△AEH∽△ABG だから,

$AE:EB=5:(8-5)=5:3$

よって, $AE:6=5:3$ より, $AE=10$

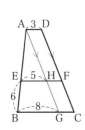

3　AD∥BC で, 点 E, F はそれぞれ辺 AB, DC
の中点だから, EF∥BC

よって, △ABC で, **中点連結定理**より,

$EH=\dfrac{1}{2}BC=2(cm)$

同様に, △BAD で, $EG=\dfrac{1}{2}AD=\dfrac{a}{2}$ (cm)

また, $GH=AD=a$ cm

ここで, EH=EG+GH だから, $2=\dfrac{a}{2}+a$

よって, $a=\dfrac{4}{3}$

4　上の円錐と全体の円錐の体積比は,

$\dfrac{1}{8}:1=1:8=1^3:2^3$

相似な立体の体積比は相似比の3乗だから, 上の円
錐と全体の円錐の相似比は, 1:2 となる。

よって, 求める長さは, $8\times\dfrac{1}{2}=4$ (cm)

5　△BGE∽△DGA だから,

$BG:DG=BE:DA=1:3$ より, $BG=\dfrac{1}{4}BD$

また, △AHB∽△FHD だから,

$BH:DH=BA:DF=2:1$ より, $BH=\dfrac{2}{3}BD$

$GH=BH-BG=\dfrac{2}{3}BD-\dfrac{1}{4}BD=\dfrac{5}{12}BD$ より,

$GH:BD=5:12$

高さが共通な△AGH と△ABD の面積比は, 底辺
の比 GH:BD に等しいから,

△AGH:△ABD=5:12 より,

$△AGH=\dfrac{5}{12}△ABD$

$=\dfrac{5}{12}\times\dfrac{1}{2}□ABCD$

$=\dfrac{5}{24}□ABCD$

よって, △AGH の面積は, □ABCD の面積の$\dfrac{5}{24}$倍

別解　BG:BD=1:4, HD:BD=1:3 より,
BD を 4 と 3 の最小公倍数の 12 にすると,

BG:BD=3:12, HD:BD=4:12

よって, BG:HD:BD=3:4:12 となるから,

BG:GH:HD=3:5:4

ここで, △AGH=5S とすると,

$△ABD=\dfrac{12}{5}△AGH=12S$

$□ABCD=2△ABD=24S$

よって, △AGH の面積は, □ABCD の面積の$\dfrac{5}{24}$倍

6　(1)△BCD≡△JGD (1 組の辺とその両端の角がそ
れぞれ等しい。)だから, GJ=CB=2 cm

△GHF∽△EHB だから,

$GH:EH=GF:EB=4:(4+2)=2:3$ より,

$GH=\dfrac{2}{5}GE$

また, △GIJ∽△EIB だから,

$GI:EI=GJ:EB=2:6=1:3$ より, $GI=\dfrac{1}{4}GE$

ここで, $IH=GH-GI=\dfrac{2}{5}GE-\dfrac{1}{4}GE=\dfrac{3}{20}GE$

よって, $GI:IH=\dfrac{1}{4}GE:\dfrac{3}{20}GE=5:3$

(2)I と F を結ぶ。

(1)より, GI:GH=5:8, GJ=JF だから,

$△FGH=\dfrac{8}{5}△GIF=\dfrac{8}{5}\times2△GIJ=\dfrac{16}{5}△GIJ$

よって, △FGH の面積は, △GIJ の面積の$\dfrac{16}{5}$倍

！ここに注意　右の図のよ
うな, 共通な角をもつ2つ
の三角形の面積比は,

△ABC:△ADE
=AB×AC:AD×AE

この公式は2つの三角形
が相似でなくても成り立つ。

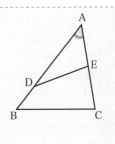

別解　上の**！ここに注意**の公式を用いると,

△GHF:△GIJ=GH×GF:GI×GJ

$=(8\times2):(5\times1)$

$=16:5$

よって, △FGH の面積は,

△GIJ の面積の$\dfrac{16}{5}$倍

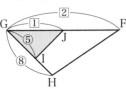

解答（pp.12～13）

1 $\sqrt{13}$ cm

2 49 cm²

3 (1) $6\sqrt{3}$ cm² (2) $7\sqrt{3}$ cm (3) $\dfrac{33\sqrt{3}}{5}$ cm²

4 $\dfrac{12\sqrt{5}}{5}$ cm

5 (1) ① 90 cm² ② $\dfrac{13\sqrt{13}}{3}$ cm (2) $\dfrac{18}{5}$ cm²

6 $\dfrac{\sqrt{3}+1}{2}$ cm²

解 説

1 ∠MOC=a，∠NOC=b とすると，
$2a+2b=180°$ より，$a+b=90°$
よって，△OMN は∠MON=90° の直角三角形である。
三平方の定理より，
$MN=\sqrt{OM^2+ON^2}=\sqrt{2^2+3^2}=\sqrt{13}$ (cm)

2 右の図のように，それ
ぞれの正方形を E，F，G
とする。
A，B，E の正方形の1辺
をそれぞれ a，b，c とす
ると，
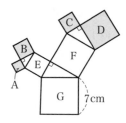
$A+B=a^2+b^2$，$E=c^2$
ここで，A，B，E で囲まれた三角形が直角三角形
だから，$a^2+b^2=c^2$ が成り立つ。
よって，$A+B=E$
同様に，$C+D=F$，$E+F=G$ だから，
$A+B+C+D=G=7^2=49$ (cm²)

3 (1)右の図のように，正六
角形に，向かい合う頂点を
結ぶ対角線を3本ひくと，
1辺が2cmの正三角形6つ
に分けられる。
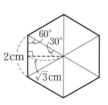
正三角形の頂角から底辺に垂
線をひくと，30°，60°の角をもつ直角三角形にな
るから，高さは，
$\dfrac{\sqrt{3}}{2}\times2=\sqrt{3}$ (cm)
よって，正三角形1つの面積は，
$\dfrac{1}{2}\times2\times\sqrt{3}=\sqrt{3}$ (cm²)より，
求める面積は，$\sqrt{3}\times6=6\sqrt{3}$ (cm²)

！ここに注意 **正三角形の面積**

1辺が a の正三角形の面積は，$\dfrac{\sqrt{3}}{4}a^2$
この公式を使うと，高さを求めずに面積を求め
ることができる。

(2)右の図のように，
∠A の二等分線と BC
の延長線との交点を
E とし，B から AE に
垂線 BH をひくと，
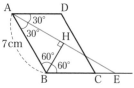
AB=7 cm，∠ABH=60° より，
$AH=\dfrac{\sqrt{3}}{2}AB=\dfrac{7\sqrt{3}}{2}$ (cm)
また，∠BEA=30° より，
△ABE は二等辺三角形になるから，
$AE=2AH=7\sqrt{3}$ (cm)

(3)四角形 ABCD はひし形で，∠DAB=60° より，
△ABD，△BCD は1辺が6cmの正三角形である。
よって，(1)の **！ここに注意** の公式を用いて，
$\triangle BCD=\dfrac{\sqrt{3}}{4}\times6^2=9\sqrt{3}$ (cm²)
△ADR∽△PBR より，
DR：BR=AD：PB=3：2
よって，$BR=\dfrac{2}{5}\times6=\dfrac{12}{5}$ (cm)
ここで，P から BD に垂線 PH をひくと，
BP=4cm，∠PBH=60° より，
$PH=\dfrac{\sqrt{3}}{2}PB=2\sqrt{3}$ (cm)
よって，四角形 DRPC=△BCD−△BPR
$=9\sqrt{3}-\dfrac{1}{2}\times\dfrac{12}{5}\times2\sqrt{3}=\dfrac{33\sqrt{3}}{5}$ (cm²)

4 右の図のように，
△ABC は，3：4：5 の
直角三角形だから，
AC=4 cm
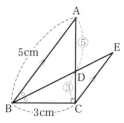
角の二等分線の定理より，
AD：DC=BA：BC=5：3
よって，
$DC=\dfrac{3}{5+3}AC=\dfrac{3}{2}$ (cm)
△BCD で，三平方の定理より，
$BD=\sqrt{3^2+\left(\dfrac{3}{2}\right)^2}=\dfrac{3\sqrt{5}}{2}$ (cm)
また，AB∥EC より，
BD：ED=AD：CD=5：3 だから，
BE：BD=8：5
よって，$BE=\dfrac{8}{5}\times\dfrac{3\sqrt{5}}{2}=\dfrac{12\sqrt{5}}{5}$ (cm)

△ABC の AD が∠BAC の
二等分線のとき，
AB：AC＝BD：DC となる。

5　(1)① G から AD に垂線 GH をひくと，
GH＝12 cm　EG＝BG＝13 cm
△GEH で，三平方の定理より，EH＝5 cm
HD＝GC＝5 cm，
ED＝5＋5＝10 (cm) だから，
台形 EGCD＝$\frac{1}{2}$×(10＋5)×12＝90 (cm^2)
② AE＝AD－ED＝18－10＝8 (cm)
△AEF∽△HGE（2 組の角がそれぞれ等しい。）
だから，
AE：HG＝EF：GE より，
8：12＝EF：13
よって，EF＝$\frac{26}{3}$ (cm)
△EFG で，三平方の定理より，
FG＝$\sqrt{EF^2+EG^2}$＝$\sqrt{\left(\frac{26}{3}\right)^2+13^2}$＝$\sqrt{\frac{26^2+13^2\times3^2}{3^2}}$
　＝$\frac{\sqrt{13^2\times2^2+13^2\times3^2}}{3}$＝$\frac{\sqrt{13^2\times(2^2+3^2)}}{3}$
　＝$\frac{13\sqrt{13}}{3}$ (cm)
(2)△AFC において，
∠DAC＝∠FAC，∠DAC＝∠FCA より，
∠FAC＝∠FCA だから，△AFC は二等辺三角形
である。
AF＝FC＝x cm とすると，BF＝(8－x) cm
△ABF で，三平方の定理より，
x^2＝4^2＋(8－x)^2
x＝5 だから，FC＝5 cm，
△ABF≡△CEF より，BF＝EF＝3 cm
△FEC＝$\frac{1}{2}$×EF×EC＝$\frac{1}{2}$×3×4＝6 (cm^2)
よって，BF：FC＝3：5 より，
△BEF＝$\frac{3}{5}$△FEC＝$\frac{3}{5}$×6＝$\frac{18}{5}$ (cm^2)

6　E から BC に垂線 EH を
ひくと，△ECH は 30°，60°
の角をもつ直角三角形だか
ら，EC＝2 cm より，
HC＝1 cm，EH＝$\sqrt{3}$ cm
また，△EBH は直角二等辺
三角形だから，

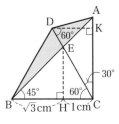

BH＝EH＝$\sqrt{3}$ cm
よって，AC＝DC＝BC＝BH＋HC＝$\sqrt{3}$＋1 (cm)
△DBC＝$\frac{\sqrt{3}}{4}$($\sqrt{3}$＋1)^2 (cm^2)
また，△DCA は二等辺三角形で，D から AC に垂
線 DK をひくと，△DCK は 30°，60° の角をもつ
直角三角形となり，
DK＝$\frac{1}{2}$DC＝$\frac{\sqrt{3}+1}{2}$ (cm)
△DCA＝$\frac{1}{2}$×($\sqrt{3}$＋1)×$\frac{\sqrt{3}+1}{2}$＝$\frac{(\sqrt{3}+1)^2}{4}$ (cm^2)
よって，
△ADB＝△DBC＋△DCA－△ABC
＝$\frac{\sqrt{3}}{4}$($\sqrt{3}$＋1)^2＋$\frac{(\sqrt{3}+1)^2}{4}$－$\frac{(\sqrt{3}+1)^2}{2}$
＝$\frac{\sqrt{3}(\sqrt{3}+1)^2-(\sqrt{3}+1)^2}{4}$
＝$\frac{(\sqrt{3}-1)(\sqrt{3}+1)(\sqrt{3}+1)}{4}$
＝$\frac{2(\sqrt{3}+1)}{4}$
＝$\frac{\sqrt{3}+1}{2}$ (cm^2)

6時間目　円とおうぎ形

解答（pp.14〜15）

1　$r=6$

2　$\frac{48}{5}$ cm^2

3　(1) 6 cm　(2) $\left(\frac{5}{3}\pi-2\sqrt{3}\right)$ cm^2

4　(1) $3\sqrt{3}$ cm　(2) $\left(18\pi-\frac{27\sqrt{3}}{2}\right)$ cm^2

5　(1) $\left(\frac{5}{4}\pi+2\right)$ cm^2　(2) $\frac{9}{4}\pi$ cm^2

6　(1) $\frac{2}{3}\pi$ cm　(2) 15°　(3) (4＋$2\sqrt{3}$) cm^2

解　説

1　$2\pi\times10\times\frac{72}{360}=2\pi\times r\times\frac{120}{360}$　$\frac{2}{3}r=4$
よって，$r=6$

2　**円の接線と，接点を通る半径は垂直に交わるから，**
△OCD は直角三角形である。
△OCD で，OD＝3＋2＝5 (cm)，OC＝3 cm だから，
三平方の定理より，CD＝4 cm
△OCD＝$\frac{1}{2}$×4×3＝6 (cm^2)
よって，AD：OD＝8：5 より，
△CAD＝$\frac{8}{5}$△OCD＝$\frac{8}{5}$×6＝$\frac{48}{5}$ (cm^2)

3 (1)△OO'P で, ∠O'PO＝90° より,

OO'＝2O'P＝4 (cm)

O から円 O' に OB と異なる接線をひき, 半円 O との交点を R とおくと, O', Q は∠ROB の二等分線上にあるから, O, O', Q は同一直線上にある。

よって, OA＝OQ＝4＋2＝6 (cm)

(2)色のついた部分の面積は, 半径 6 cm で中心角 30° のおうぎ形から, 半径 2 cm で中心角 120° のおうぎ形と△OO'P をひいたものである。

OP＝2√3 cm より,

$$\triangle OO'P＝\frac{1}{2}×2\sqrt{3}×2＝2\sqrt{3}\ (cm^2)$$

よって, 求める面積は,

$$\pi×6^2×\frac{30}{360}-\pi×2^2×\frac{120}{360}-2\sqrt{3}$$

$$＝\frac{5}{3}\pi-2\sqrt{3}\ (cm^2)$$

4 (1)O と F を結ぶ。

∠OFA＝90°, OF＝3 cm, OA＝6 cm より,

△AOF で, AF＝$\sqrt{6^2-3^2}＝3\sqrt{3}$ (cm)

(2)AD＝9 cm で, △AOF∽△AED だから,

AF：AD＝OF：ED で, 3√3：9＝3：ED より,

ED＝3√3 (cm)

よって, 求める面積は,

$$\frac{1}{2}×\pi×6^2-\frac{1}{2}×9×3\sqrt{3}＝18\pi-\frac{27\sqrt{3}}{2}\ (cm^2)$$

5 (1)A と C, A' と C を結ぶ。

三平方の定理より, AC＝A'C＝$\sqrt{1^2+2^2}＝\sqrt{5}$ (cm)

求める面積は, △ABC と△CD'A' つまり, 縦 2 cm, 横 1 cm の長方形と中心角 90° のおうぎ形 ACA' をあわせたものである。

よって, $2×1+\pi×(\sqrt{5})^2×\frac{90}{360}＝\frac{5}{4}\pi+2\ (cm^2)$

(2)右の図のように, 点 B を中心とし, BC を半径とする円の一部と対角線 BD との交点を H, BG との交点を I とする。

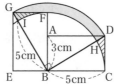

図形 CDH を点 B を中心として反時計回りに 90° 回転させると, 図形 FGI に重なるから, 求める面積は, おうぎ形 BDG からおうぎ形 BHI をひいたものである。

ここで, BD²＝5²＋3²＝34, BH²＝BC²＝5²＝25

よって, 求める面積は,

$$\pi×BD^2×\frac{90}{360}-\pi×BH^2×\frac{90}{360}$$

$$＝\pi×(BD^2-BH^2)×\frac{1}{4}$$

$$＝\frac{1}{4}\pi×(34-25)＝\frac{9}{4}\pi\ (cm^2)$$

6 (1)O と D, A と D を結ぶ。

OA＝OD＝AD より, △OAD は正三角形になる。

よって, ∠OAD＝60° だから,

$$\overset{\frown}{OD}＝2\pi×2×\frac{60}{360}＝\frac{2}{3}\pi\ (cm)$$

(2)△ACD は AC＝AD だから, 二等辺三角形である。

∠CAD＝90°－60°＝30° より,

∠ACD＝(180°－30°)÷2＝75°

よって, △ACE で,

∠AEC＝180°－(90°＋75°)＝15°

(3)D と B を結ぶ。

半円の弧に対する円周角だから, ∠ADB＝90°

直角三角形 ABD で, ∠DAB＝60° より,

∠ABD＝30°, BD＝√3AD＝2√3 (cm)

△BDE で, ∠BDE＝∠ABD－∠DEB＝15° より,

△BDE は二等辺三角形になり,

BE＝BD＝2√3 cm

AE＝AB＋BE＝4＋2√3 (cm)

よって,

$$\triangle CAE＝\frac{1}{2}×AE×AC$$

$$＝\frac{1}{2}×(4+2\sqrt{3})×2＝4+2\sqrt{3}\ (cm^2)$$

7時間目 三平方の定理と空間図形

解答 (pp.16〜17)

1 (1)2√6 cm (2)3√6 cm

2 18√3 cm³

3 (1)27√3 cm³ (2)3√5 cm

4 (36√3＋36) cm²

5 9√30 cm³

6 12π cm³

7 (1)7 cm (2)x＝2, 4

解 説

1 (1)AB＝x cm とすると, AG＝$\sqrt{4^2+x^2+3^2}＝7$

両辺を 2 乗して, $x^2+25＝49$ $x^2＝24$

$x>0$ より, $x＝2\sqrt{6}$

(2)展開図を組み立てると, 右の図のようになる。

PQ は, 縦 3 cm, 横 3 cm, 高さ 6 cm の直方体の対角線と考えられるから,

$$PQ＝\sqrt{3^2+3^2+6^2}$$

$$＝3\sqrt{6}\ (cm)$$

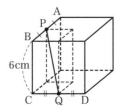

2 底面の△ABC は，30°の角をもつ直角三角形だから，

$AC=\dfrac{1}{2}AB=3$ (cm)，

$BC=\dfrac{\sqrt{3}}{2}AB=3\sqrt{3}$ (cm)

よって，三角柱の体積は，

$\left(\dfrac{1}{2}\times3\times3\sqrt{3}\right)\times4=18\sqrt{3}$ (cm³)

3 (1)△ABC で，BC=3 cm，AC=$3\sqrt{3}$ cm

また，AD=AF=AB=6 cm

よって，$\dfrac{1}{2}\times3\times3\sqrt{3}\times6=27\sqrt{3}$ (cm³)

(2)右の図のように点 H をとると，△GHD は二等辺三角形だから，

GH=GD=3 cm

△CGH で，

三平方の定理より，

$CG=\sqrt{GH^2+CH^2}=3\sqrt{5}$ (cm)

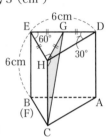

4 △OAB で，辺 AB の中点を M とすると，

$OM=\dfrac{\sqrt{3}}{2}OA=3\sqrt{3}$ (cm)より，

$\triangle OAB=\dfrac{1}{2}\times6\times3\sqrt{3}=9\sqrt{3}$ (cm²)

よって，求める面積は，

$9\sqrt{3}\times4+6^2=36\sqrt{3}+36$ (cm²)

5 正六角形は正三角形が6つ集まったものだから，正三角形の面積の公式を用いると，底面積は，

$\dfrac{\sqrt{3}}{4}\times3^2\times6=\dfrac{27\sqrt{3}}{2}$ (cm²)

正六角錐の高さは，

$\sqrt{7^2-3^2}=2\sqrt{10}$ (cm)

よって，求める体積は，

$\dfrac{1}{3}\times\dfrac{27\sqrt{3}}{2}\times2\sqrt{10}=9\sqrt{30}$ (cm³)

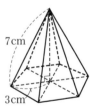

6 円錐の底面の半径を r cm とすると，**円錐の側面のおうぎ形の弧の長さと底面の円周の長さは等しいから，**

$2\pi r=2\pi\times5\times\dfrac{216}{360}$

$r=3$

円錐の高さは，三平方の定理より，

$\sqrt{5^2-3^2}=4$ (cm)

よって，円錐の体積は，

$\dfrac{1}{3}\times\pi\times3^2\times4=12\pi$ (cm³)

7 (1)DM は縦3 cm，横2 cm，高さ6 cm の直方体の対角線と考えられるから，

$DM=\sqrt{DA^2+EM^2+AE^2}$
$=\sqrt{3^2+2^2+6^2}=7$ (cm)

(2)△DPC で，三平方の定理より，$DP^2=x^2+4^2$

また，△MPG で，

$MP^2=MF^2+FG^2+GP^2$
$=2^2+3^2+(6-x)^2$
$=x^2-12x+49$

∠DPM=90°となるとき，

△DPM で三平方の定理が成り立つから，

$DM^2=DP^2+MP^2$ より，

$7^2=(x^2+4^2)+(x^2-12x+49)$

整理して，$x^2-6x+8=0$

$(x-2)(x-4)=0$

よって，$0\leqq x\leqq6$ より，$x=2$，4

8時間目 **四角柱**

解答 (pp.18～19)

1 (1)$\sqrt{41}$ cm (2)20 cm³ (3)$2\sqrt{34}$ cm²
2 (1)4 cm (2)$12\sqrt{10}$ cm² (3)36 cm³
3 (1)96 cm³ (2)18 個
4 (1)$(4+2\sqrt{2})$ cm (2)$6\sqrt{2}$ cm
5 (1)108 cm² (2)$4\sqrt{3}$ cm

解　説

1 (1)PD は縦3 cm，横4 cm，高さ4 cm の直方体の対角線と考えられるから，

$\sqrt{3^2+4^2+4^2}=\sqrt{41}$ (cm)

(2)底面は長方形 EFGH，高さは PF だから，

$\dfrac{1}{3}\times3\times4\times(9-4)=20$ (cm³)

(3)△ABC で，三平方の定理より，AC=5 cm

同様に，△BPC で，PC=5 cm

また，$AP=\sqrt{2}AB=4\sqrt{2}$ (cm)だから，

△PAC は CA=CP の二等辺三角形である。

C から AP に垂線 CI をひくと，AI=$2\sqrt{2}$ cm，

$CI=\sqrt{5^2-(2\sqrt{2})^2}=\sqrt{17}$ (cm)

よって，

$\triangle PAC=\dfrac{1}{2}\times4\sqrt{2}\times\sqrt{17}=2\sqrt{34}$ (cm²)

2 (1)△APQ は，直角二等辺三角形で，

AP＝AQ＝$2\sqrt{2}$ cm

よって，PQ＝$2\sqrt{2}\times\sqrt{2}$＝4(cm)

(2) PQ∥FH，PF＝QH

より，四角形 PFHQ は，

右の図のような等脚台

形である。

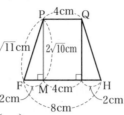

△BPF で，三平方の定

理より，

PF＝$\sqrt{(2\sqrt{2})^2+6^2}$＝$2\sqrt{11}$ (cm)

点 P から辺 FH に垂線 PM をひくと，

FH＝$4\sqrt{2}\times\sqrt{2}$＝8(cm)より，

FM＝(8－2×2)÷2＝2(cm)

△PFM で，三平方の定理より，

PM＝$\sqrt{(2\sqrt{11})^2-2^2}$＝$2\sqrt{10}$(cm)

よって，四角形 PFHQ の面積は，

$\dfrac{1}{2}\times(4+8)\times2\sqrt{10}$＝$12\sqrt{10}$(cm^2)

(3)点 R は線分 EG の中点

になる。線分 PQ の中点

を点 I とすると，右の図

のように，長方形 AEGC

の線分 AC 上にある。

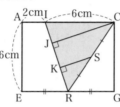

(2)より，

IR＝PM＝$2\sqrt{10}$ cm

点 C，S から線分 IR に垂線 CJ，SK をひき，△IRC

の面積を 2 通りで考えると，

$\dfrac{1}{2}\times6\times6$＝$\dfrac{1}{2}\times$IR×CJ より，

CJ＝$\dfrac{36}{\text{IR}}$＝$\dfrac{36}{2\sqrt{10}}$＝$\dfrac{9\sqrt{10}}{5}$(cm)

点 S は線分 CR の中点で，CJ∥SK より，

SK＝$\dfrac{1}{2}$CJ＝$\dfrac{1}{2}\times\dfrac{9\sqrt{10}}{5}$＝$\dfrac{9\sqrt{10}}{10}$(cm)

よって，求める四角錐の体積は，

$\dfrac{1}{3}\times12\sqrt{10}\times\dfrac{9\sqrt{10}}{10}$＝36(cm^3)

> **①ここに注意** 垂線の長さは三角形の面積に注目
> して面積を 2 通りの方法で表し，方程式をつくる
> ことによって，求めることができる。

3 (1)展開図を組み立てる

と，右の図のような底面

が台形の四角柱ができる。

A から CD に垂線 AH を

ひくと，

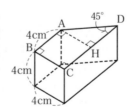

HD＝AH＝4 cm だから，

CD＝4＋4＝8 (cm)より，

台形 ABCD＝$\dfrac{1}{2}\times(4+8)\times4$＝24 (cm^2)

よって，求める体積は，24×4＝96 (cm^3)

(2)この立体を 2 個組み合わせると，縦 8＋4＝12

(cm)，横 4 cm，高さ 4 cm の直方体になる。

この直方体を横方向と高さ方向にそれぞれ 3 個ず

つ並べると，1 辺が 12 cm の立方体ができる。

よって，2×3×3＝18 (個)

4 (1) AC＝$\sqrt{2}$AB＝$2\sqrt{2}$ (cm)

IA＝EJ＝$\dfrac{1}{2}$AC＝$\sqrt{2}$ (cm)

よって，求める長さは，

IA＋AE＋EJ＝$\sqrt{2}$＋4＋$\sqrt{2}$＝$4+2\sqrt{2}$ (cm)

(2) AG 間の最短の長さは，右

の図のようになるから，

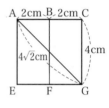

AG＝$\sqrt{2}$AC＝$4\sqrt{2}$ (cm)

よって，求める長さは，

IA＋AG＋GJ

＝$\sqrt{2}$＋$4\sqrt{2}$＋$\sqrt{2}$

＝$6\sqrt{2}$ (cm)

5 (1) AD＝BI＝3 cm より，四角形 ABID は長方形で，

DI＝4 cm，IC＝3 cm だから，

△CDI で，三平方の定理より，DC＝5 cm

底面積の和は，$\left\{\dfrac{1}{2}\times(3+6)\times4\right\}\times2$＝36 (cm^2)

側面積は，(4＋6＋5＋3)×4＝72 (cm^2)

よって，求める面積は，36＋72＝108 (cm^2)

(2)右の図のように，J から FG

に垂線 JL をひく。また，I か

ら FG に垂線 IM をひくと，

M は FG の中点になる。

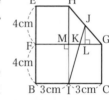

△GHM で，**三角形の 1 つの**

辺の中点を通り，他の 1 辺に

平行な直線は，残りの 1 辺の中点を通るから，

ML＝$\dfrac{1}{2}$MG＝$\dfrac{3}{2}$ (cm)

よって，△GHM で中点連結定理が成り立つから，

JL＝$\dfrac{1}{2}$HM＝2 (cm)

△JKL∽△IKM だから，

MK：LK＝IM：JL＝2：1 より，

MK＝$\dfrac{2}{3}$ML＝1 (cm)

FK＝3＋1＝4 (cm)より，

△EFK は直角二等辺三角形になるから，

EK＝$\sqrt{2}$FK＝$4\sqrt{2}$ (cm)

よって，△AEK で，

AK＝$\sqrt{\text{AE}^2+\text{EK}^2}$＝$\sqrt{4^2+(4\sqrt{2})^2}$＝$4\sqrt{3}$ (cm)

9時間目　三角柱，円柱

解答（pp.20～21）

1 Qが 36π cm² 大きい。

2 (1) 7 cm　(2) 22π cm³

3 (1) $4\sqrt{2}$ cm　(2) $4\sqrt{10}$ cm²

4 (1) 辺 CF，辺 DF，辺 EF
(2)① 6 cm　② $3\sqrt{2}$ cm

5 (1) 16π cm³　(2) $2\sqrt{3}$ cm　(3) $5\sqrt{3}$ cm²

解　説

1 立体 P，Q を真下から見た場合，合同な円だから，面積は同じである。

また，真上から見た場合，どちらも半径 6 cm の円に見えるから，上から見た面積も等しくなる。

つまり，求める値は，側面積の差である。

立体 P の側面積は，

$(2\pi \times 3) \times 3 + (2\pi \times 6) \times 3 = 54\pi$ (cm²)

立体 Q の側面積は，

$(2\pi \times 6) \times 6 + (2\pi \times 3) \times 3 = 90\pi$ (cm²)

よって，$90\pi - 54\pi = 36\pi$ (cm²) より，
Q が 36π cm² 大きい。

2 (1)台形 ABCD の点 A から DC に垂線 AE をひくと，AD＝5 cm，AE＝2×2＝4 (cm) より，△AED は，3：4：5 の直角三角形だから，DE＝3 cm
よって，CD＝CE＋ED＝4＋3＝7 (cm)
(2)立体 P は，円柱をななめに切った立体だから，P の体積は，$\frac{1}{2} \times \pi \times 2^2 \times (4+7) = 22\pi$ (cm³)

！ここに注意 柱体をななめに切った立体の体積は，**底面積×高さの平均** で求めることができる。

3 (1)△ACP で，∠CAP＝90°，∠APC＝30° より，
CP＝2AC＝8(cm)
また，直角三角形 BPC で，CB＝$4\sqrt{2}$ cm だから，
BP＝$\sqrt{CP^2-CB^2}=\sqrt{8^2-(4\sqrt{2})^2}=4\sqrt{2}$ (cm)
(2)P が EF の中点にきたとき，
△DPF は直角二等辺三角形になるから，DP＝FP＝$2\sqrt{2}$ cm
また，∠ADP＝90° より，
△ADP で，三平方の定理より，
AP＝$\sqrt{6^2+(2\sqrt{2})^2}=2\sqrt{11}$(cm)
さらに，△CFP も直角三角形だから，
CP＝$\sqrt{6^2+(2\sqrt{2})^2}=2\sqrt{11}$(cm)

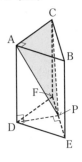

よって，△APC は右の図のような，PA＝PC の二等辺三角形になる。P から AC に垂線 PH をひくと，

AH＝CH＝$\frac{1}{2}$AC＝2(cm)

PH＝$\sqrt{(2\sqrt{11})^2-2^2}=2\sqrt{10}$(cm)

よって，△APC＝$\frac{1}{2}\times 4 \times 2\sqrt{10}=4\sqrt{10}$ (cm²)

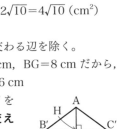

4 (1)辺 AB に平行な辺と交わる辺を除く。
(2)①△ABG で，AB＝10 cm，BG＝8 cm だから，三平方の定理より，AG＝6 cm
②右の図のように，B′，C′ を定める。**容器の向きを変えても，中の水の量は変化しないから，**

△AB′C′＝$\frac{1}{2}$△ABC

$\frac{1}{2}\times$B′C′×AH＝$\frac{1}{2}\times\frac{1}{2}\times 16 \times 6$ …①

また，△ABG∽△AB′H だから，

B′H：AH＝BG：AG＝4：3 より，B′H＝$\frac{4}{3}$AH

よって，B′C′＝$\frac{8}{3}$AH

①に代入して，$\frac{1}{2}\times\frac{8}{3}$AH×AH＝24　AH²＝18

よって，AH＞0 より，AH＝$3\sqrt{2}$ cm

5 (1)$\pi \times 2^2 \times 4=16\pi$ (cm³)
(2) O′ から AB に垂線 O′M をひくと，

AM＝BM＝$\frac{\sqrt{3}}{2}$AO′＝$\sqrt{3}$ (cm)

よって，AB＝2AM＝$2\sqrt{3}$ (cm)

(3)円柱の表面上で，P から底面 O′ に垂線 PQ をひき，Q から直線 AB に垂線 QR をひくと，△PAB の底辺 AB に対する高さは，
PR＝$\sqrt{PQ^2+QR^2}$
＝$\sqrt{4^2+QR^2}$(cm)
底辺 AB の長さは一定だから，PR が最大，すなわち QR が最大のとき，△PAB の面積は最大となる。
R が辺 AB の中点 M と一致するとき，QR は最大となり，QR＝QM＝QO′＋O′M＝2＋1＝3 (cm)
よって，PR の最大値は，
$\sqrt{4^2+QR^2}=\sqrt{4^2+3^2}=5$ (cm)
よって，求める面積は，
$\frac{1}{2}\times$AB×PR＝$\frac{1}{2}\times 2\sqrt{3}\times 5=5\sqrt{3}$ (cm²)

解答（pp.22〜23）

1 (1) $2\sqrt{2}$ cm　(2) $\sqrt{14}$ cm²　(3) $\dfrac{32\sqrt{7}}{27}$ cm³

2 (1) BE＝2 cm，AE＝$4\sqrt{2}$ cm
　(2) $12\sqrt{2}$ cm²　(3) $2\sqrt{30}$ cm³

3 $\dfrac{24}{5}$ cm

4 (1) $12\sqrt{3}$ cm
　(2) ① $\dfrac{16\sqrt{7}}{3}$ cm³　② $\dfrac{84}{17}$ cm

解　説

1 (1)四角形 ABCD は 1 辺 2 cm の正方形だから，
AE＝AC＝$2\sqrt{2}$ cm

(2)点 O から AC に垂線 OH
をひくと，右の図のように
なる。
OA＝OC より，△OAC は二等
辺三角形で，H は線分 AC
の中点だから，
AH＝$2\sqrt{2}\div2=\sqrt{2}$（cm）
△OAH で，三平方の定理より，
OH＝$\sqrt{3^2-(\sqrt{2})^2}=\sqrt{7}$（cm）

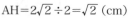

よって，△OAC＝$\dfrac{1}{2}\times2\sqrt{2}\times\sqrt{7}=\sqrt{14}$（cm²）

(3)△OAC と△ACE は∠C が共通な二等辺三角形だ
から，△OAC∽△ACE
よって，OA：AC＝AC：CE
3：$2\sqrt{2}$＝$2\sqrt{2}$：CE より，
CE＝$\dfrac{8}{3}$ cm
点 E から AC に垂線 EI をひ
くと，右の図のようになる。
ここで，△CEI∽△COH だ
から，
CE：CO＝EI：OH
$\dfrac{8}{3}$：3＝EI：$\sqrt{7}$ より，
EI＝$\dfrac{8\sqrt{7}}{9}$ cm

よって，四角錐 E-ABCD の体積は，
$\dfrac{1}{3}\times(2\times2)\times\dfrac{8\sqrt{7}}{9}=\dfrac{32\sqrt{7}}{27}$（cm³）

2 (1)△ABE＝$\dfrac{1}{5}$△ABC で，**高さが共通な 2 つの三
角形の面積比は底辺の比に等しいから，**
BE＝$\dfrac{1}{5}$BC＝$\dfrac{1}{5}\times10=2$（cm）
△ABE で，AE＝$\sqrt{6^2-2^2}=4\sqrt{2}$（cm）

(2)△CAE で，DF∥AE，D は CA の中点だから，
F も CE の中点になり，FE＝$\dfrac{1}{2}$CE＝4（cm）
△CAE で中点連結定理が成り立つから，
DF＝$\dfrac{1}{2}$AE＝$2\sqrt{2}$（cm）
よって，求める図形は台形だから，面積は，
$\dfrac{1}{2}\times(2\sqrt{2}+4\sqrt{2})\times4=12\sqrt{2}$（cm²）

(3)図 2 の△BFE で，B から
EF に垂線 BH をひくと，
BH は四角錐 B-AEFD の高
さにあたる。
△BFE は，BE＝2 cm，
FE＝FB＝4 cm の二等辺三角形だから，BE を底辺
とした△BFE の高さは，$\sqrt{4^2-1^2}=\sqrt{15}$（cm）

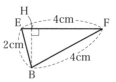

よって，△BFE＝$\dfrac{1}{2}\times2\times\sqrt{15}=\sqrt{15}$（cm²）
また，△BFE で，EF を底辺としたとき，
△BFE＝$\dfrac{1}{2}\times4\times$BH＝2BH と表される。
2BH＝$\sqrt{15}$ より，BH＝$\dfrac{\sqrt{15}}{2}$ cm
よって，求める体積は，
$\dfrac{1}{3}\times$四角形 AEFD$\times$BH
＝$\dfrac{1}{3}\times12\sqrt{2}\times\dfrac{\sqrt{15}}{2}=2\sqrt{30}$（cm³）

3　AC＝$\sqrt{2}$AB＝6（cm）
右の図のように，△OAC で，
O から AC に垂線 OG をひ
くと，AG＝3 cm
三平方の定理より，OG＝4 cm
よって，
△OAC＝$\dfrac{1}{2}\times6\times4=12$（cm²）

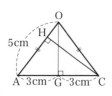

C から OA に垂線 CH をひくと，求める長さは CH
になり，△OAC＝12 cm² だから，
$\dfrac{1}{2}\times5\times$CH＝12
よって，CH＝$\dfrac{24}{5}$ cm

4　(1) ℓ の長さが最も短くな
るときの P，Q，R は，右
の展開図のようになる。
∠BQA＝90°，
∠BAQ＝60° より，
BQ＝$\dfrac{\sqrt{3}}{2}$AB＝$6\sqrt{3}$（cm）
よって，
ℓ＝2BQ＝$12\sqrt{3}$（cm）

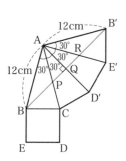

(2)① EC=$\sqrt{2}$BC=8$\sqrt{2}$ (cm)

正方形 BCDE の対角線の交点
を H とすると，

△AEC で，

EH=$\frac{1}{2}$EC=4$\sqrt{2}$ (cm)より，

AH=$\sqrt{12^2-(4\sqrt{2})^2}$
=4$\sqrt{7}$ (cm)

AR=RE，AP=PC より，RP∥EC

ここで，RP と AH の交点を I とすると，
中点連結定理より，

AI=$\frac{1}{2}$AH=2$\sqrt{7}$ (cm)

また，PQ=QR=$\frac{1}{2}$CD=4 (cm)

よって，求める体積は，

$\frac{1}{3}×\frac{1}{2}×4×4×2\sqrt{7}=\frac{16\sqrt{7}}{3}$ (cm³)

②正方形 BCDE の対角線の交点を H，線分 AH と
線分 RP の交点を J とする。

右の図のように，二等辺三角形
AEC で，

AR=AP=7 cm，

AE=AC=12 cm だから，

RP∥EC

PC=AC−AP=5 (cm)だから，

AJ：JH=AP：PC=7：5

また，四角形 BPQR で，点 J は線
分 RP の中点で，

BP=BR，QP=QR だから線分 BQ は点 J を通る。

右の図のように，△ABD で，
点 H を通り，線分 BQ に平行
な直線をひき，辺 AD との交
点を S とすると，BH=HD だ
から，S も QD の中点になり，

QS=SD

△AJQ∽△AHS より，

AQ：QS=AJ：JH=7：5 だから，

AQ：QD=AQ：2QS=7：10

よって，AQ=$\frac{7}{7+10}$AD=$\frac{7}{17}×12=\frac{84}{17}$ (cm)

11時間目 円　錐

解答（pp.24〜25）

1 (1) 3 cm　(2) 3$\sqrt{5}$ cm

2 6$\sqrt{3}$ cm

3 $\frac{125\sqrt{3}}{3}\pi$ cm³

4 8π cm³

5 (1) 13π cm²　(2) $\frac{38\sqrt{2}}{3}\pi$ cm³

6 (1) 16π cm²　(2) $\sqrt{17}$ cm

7 $\frac{7}{3}\pi$ cm³

解　説

1 (1)底面の円の半径を r cm とすると，

$2\pi r=2\pi×6×\frac{180}{360}$ より，

$r=6×\frac{180}{360}=3$

!ここに注意 底面の円の半径 r は，側面のおうぎ
形の半径（母線）を R，中心角を $a°$ とすると，

$r=R×\frac{a}{360}$ で求められる。

別解 上の !ここに注意 の公式を用いて，$r=6×\frac{180}{360}$
よって，$r=3$

(2)右の図のように，展開図に A，
B，O，M をとると，求める最
短の長さは，線分 AM である。

△OAM は直角三角形だから，

AM=$\sqrt{6^2+3^2}$=3$\sqrt{5}$ (cm)

2 底面の円周の長さは，

$2\pi×2=4\pi$ (cm)

よって，側面のおうぎ形の
中心角は，

∠AOA'=$360°×\frac{4\pi}{2\pi×6}=120°$

ひもの最短の長さは，線分 AA' の長さであるから，
O から AA' に垂線 OH をひくと，

AH=$\frac{\sqrt{3}}{2}$OA=3$\sqrt{3}$ (cm)

よって，AA'=2AH=6$\sqrt{3}$ (cm)

!ここに注意 1の !ここに注意 の公式を a につい
て解くと，

$a=360×\frac{r}{R}$ になり，中心角を簡単に求めること
ができる。

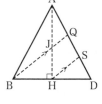

13

3 点線の長さは，半径 5 cm の円の円周の 2 倍で，母線を半径とする円周の長さと等しいから，母線の長さを x cm とすると，

$2\pi \times 5 \times 2 = 2\pi x$

$x = 10$

円錐の高さは，三平方の定理より，

$\sqrt{10^2 - 5^2} = 5\sqrt{3}$ (cm)

よって，求める体積は，

$\dfrac{1}{3} \times \pi \times 5^2 \times 5\sqrt{3} = \dfrac{125\sqrt{3}}{3}\pi$ (cm^3)

4 底面の半径 2 cm，高さ 3 cm の円柱の体積から，底面の半径 2 cm，高さ 3 cm の円錐の体積をひけばよい。

よって，$\pi \times 2^2 \times 3 - \dfrac{1}{3} \times \pi \times 2^2 \times 3$

$= 8\pi$ (cm^3)

5 (1)弧 AB の長さは，円 P の円周の長さに等しいから，円 P の半径は，$6\pi \div 2\pi = 3$ (cm)

同様にして，円 Q の半径は，$4\pi \div 2\pi = 2$ (cm)

よって，円 P の面積と円 Q の面積の和は，

$\pi \times 3^2 + \pi \times 2^2 = 13\pi$ (cm^2)

⚠ ここに注意 円錐の側面のおうぎ形の弧の長さは，底面の円周の長さに等しい。

(2)展開図を組み立てると，右の図のような円錐台になる。

OD $= x$ とすると，

△OAP∽△ODQ だから，

OA : OD $=$ AP : DQ

$(x+3) : x = 3 : 2$ より，

$x = $ OD $= 6$ cm

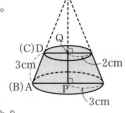

△ODQ で，三平方の定理より，

OQ $= \sqrt{6^2 - 2^2} = 4\sqrt{2}$ (cm)

また，OP $= 4\sqrt{2} \times \dfrac{3}{2} = 6\sqrt{2}$ (cm)

求める立体の体積は，底面を円 P とした円錐の体積から，底面を円 Q とした円錐の体積をひいたものだから，

$\dfrac{1}{3} \times 9\pi \times 6\sqrt{2} - \dfrac{1}{3} \times 4\pi \times 4\sqrt{2}$

$= \dfrac{1}{3} \times (9 \times 6\sqrt{2} - 4 \times 4\sqrt{2})\pi = \dfrac{38\sqrt{2}}{3}\pi$ (cm^3)

6 (1)底面の円の半径を r cm とすると，

$r = 6 \times \dfrac{120}{360} = 2$

よって，求める表面積は，

$\pi \times 6^2 \times \dfrac{120}{360} + \pi \times 2^2 = 12\pi + 4\pi = 16\pi$ (cm^2)

⚠ ここに注意 円錐の側面積の求め方

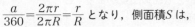

おうぎ形の中心角を $a°$ とする。

おうぎ形の弧の長さ

$=$ 底面の円周 だから，

$2\pi R \times \dfrac{a}{360} = 2\pi r$ より，

$\dfrac{a}{360} = \dfrac{2\pi r}{2\pi R} = \dfrac{r}{R}$ となり，側面積 S は，

$S = \pi R^2 \times \dfrac{a}{360} = \pi R^2 \times \dfrac{r}{R} = \pi R r$ だから，中心角を使わずに求めることができる。

別解 上の **⚠ ここに注意** の公式を用いると，

$\pi \times 6 \times 2 + \pi \times 2^2 = 16\pi$ (cm^2)

(2)展開図を組み立てると，右の図のような円錐になる。

△OAC で，底面の円の中心を H とすると，∠OHA $= 90°$ だから，三平方の定理より，

OH $= \sqrt{6^2 - 2^2} = 4\sqrt{2}$ (cm)

D から AC に垂線 DM をひくと，

OH∥DM で，D は CO の中点だから，

M も CH の中点になり，MH $= \dfrac{1}{2}$ CH $= 1$ (cm)より，

△COH で中点連結定理が成り立つから，

DM $= \dfrac{1}{2}$ OH $= 2\sqrt{2}$ (cm)

よって，△ADM で，三平方の定理より，

AD $= \sqrt{(2\sqrt{2})^2 + (2+1)^2} = \sqrt{17}$ (cm)

7 △ABC $= \dfrac{1}{2} \times 2 \times 4 = 4$ (cm^2)

△AGC $= 1$ cm^2 だから，

BC : GC $=$ △ABC : △AGC $= 4 : 1$

G から CA に平行な直線をひき AB との交点を D とすると，

DG : AC $=$ GB : CB $= 3 : 4$ で，

AC $= 2$ cm より，DG $= \dfrac{3}{4} \times 2 = \dfrac{3}{2}$ (cm)

また，BA : DA $=$ BC : GC $= 4 : 1$ より，

DA $= 1$ cm

よって，求める体積は，AB を軸として，△ABC を回転させてできる円錐の体積から，△BGD と，△AGD を回転させてできる円錐の体積をひいたものだから，

$\dfrac{1}{3} \times \pi \times 2^2 \times 4 - \left\{ \dfrac{1}{3} \times \pi \times \left(\dfrac{3}{2}\right)^2 \times 3 + \dfrac{1}{3} \times \pi \times \left(\dfrac{3}{2}\right)^2 \times 1 \right\}$

$= \dfrac{16}{3}\pi - \dfrac{1}{3}\pi \times \dfrac{9}{4} \times (3+1) = \dfrac{7}{3}\pi$ (cm^3)

解答（pp.26〜27）

1 27π cm^2

2 (1) 128π cm^3　(2) $(6+4\sqrt{2})$ cm

3 $8\sqrt{6}\,\pi$ cm^3

4 (1) $r=\dfrac{3}{2}$　(2) $3\sqrt{2}$ cm　(3) $4\sqrt{2}\,\pi$ cm

5 (1)

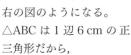

(2) $6+2\sqrt{3}$　(3) 12π

解　説

1 立体の表面積は，半球の曲面の面積と底面の円の面積の和だから，
$$\frac{1}{2}\times4\pi\times3^2+\pi\times3^2=27\pi\ (\text{cm}^2)$$

2 (1) $\pi\times4^2\times(4\times2)=128\pi\ (\text{cm}^3)$

(2) 右の図のように，球の中心 O′，O から，線分 AB に垂線 O′C，OD をひき，さらに，O′ から OD に垂線 O′E をひく。

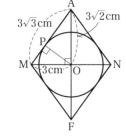

O′O $=2+4=6$ (cm)，
OE $=4-2=2$ (cm)
△O′OE で，三平方の定理より，
CD $=$ O′E $=\sqrt{6^2-2^2}=4\sqrt{2}$ (cm)
よって，求める円柱の高さは，
AC $+$ CD $+$ DB $=2+4\sqrt{2}+4=6+4\sqrt{2}$ (cm)

3 辺 BC，DE の中点をそれぞれ M，N，球の中心を O とおき，A，M，F，N，O を通る平面で正八面体を切断すると，切断面は右の図のようになる。

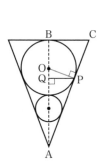

△ABC は 1 辺 6 cm の正三角形だから，
AM $=3\sqrt{3}$ cm
MN $=$ CD $=6$ cm より，MO $=\dfrac{1}{2}$MN $=3$ (cm)
△AMO で，三平方の定理より，
AO $=\sqrt{(3\sqrt{3})^2-3^2}=3\sqrt{2}$ (cm)
中心 O から，AM に垂線 OP をひくと，OP は球の半径である。

ここで，∠PAO は共通，∠AOM $=$ ∠APO $=90°$ より，△AMO∽△AOP
AM : AO $=$ MO : OP だから，
$3\sqrt{3}:3\sqrt{2}=3:$ OP より，
OP $=\sqrt{6}$ cm
よって，球の体積は，$\dfrac{4}{3}\times\pi\times(\sqrt{6})^3=8\sqrt{6}\,\pi\ (\text{cm}^3)$

4 (1) AB $=3+r\times2+2r\times2=12$
よって，$r=\dfrac{3}{2}$

(2) 右の図のように，大きい球の中心を O とおき，O から AC に垂線 OP をひく。

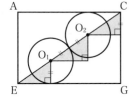

(1)より，AO $=3+\dfrac{3}{2}\times2+3$
$=9$ (cm)
△OAP で，三平方の定理より，
AP $=\sqrt{9^2-3^2}=6\sqrt{2}$ (cm)
ここで，∠CAB は共通，∠ABC $=$ ∠APO $=90°$ より，△ABC∽△APO
AB : AP $=$ BC : PO だから，
$12:6\sqrt{2}=$ BC : 3 より，
BC $=3\sqrt{2}$ cm

(3) (2)の図のように，点 P から線分 AB に垂線 PQ をひく。
ここで，∠OAP は共通，∠APO $=$ ∠AQP $=90°$ より，△AOP∽△APQ
AO : AP $=$ OP : PQ だから，
$9:6\sqrt{2}=3:$ PQ より，
PQ $=2\sqrt{2}$ cm
よって，求める長さは，PQ を半径とする円の円周の長さだから，$2\sqrt{2}\times2\times\pi=4\sqrt{2}\,\pi\ (\text{cm})$

5 (1) 立方体の 1 辺の長さを a とすると，
CG $=a$，EG $=\sqrt{2}a$ だから，
△CEG で，三平方の定理より，
EC $=\sqrt{a^2+(\sqrt{2}a)^2}=\sqrt{3}a$
△CEG は $1:\sqrt{2}:\sqrt{3}$ の直角三角形で，右の図の色のついた三角形は△CEG と相似である。

(2) 球の半径が 3 だから，(1)の図より，
EC $=$ EO$_1$ $+$ O$_1$O$_2$ $+$ O$_2$C $=3\sqrt{3}+3\times2+3\sqrt{3}=6+6\sqrt{3}$
△CEG は $1:\sqrt{2}:\sqrt{3}$ の直角三角形だから，
$a=$ CG $=\dfrac{1}{\sqrt{3}}$EC $=6+2\sqrt{3}$

(3)右の図のように，AE
の中点をMとして，辺
AC に平行な線分 MN を
ひき，O_1 から線分 MN
に垂線 O_1P をひく。

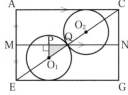

球 O_1 と球 O_2 の接点を
Qとすると，Qも線分 MN 上にある。
△PO_1Q も $1:\sqrt{2}:\sqrt{3}$ の直角三角形だから，
$PQ=\dfrac{\sqrt{2}}{\sqrt{3}}O_1Q=\sqrt{6}$
よって，球 O_1 と球 O_2 の切り口の円の半径は，とも
に $\sqrt{6}$ より，切り口の面積は，
$\{\pi\times(\sqrt{6})^2\}\times2=12\pi$

13 時間目　合同の証明

解答（pp.28〜29）

1 △ADF と△CBE において，
仮定より，∠AFD＝∠CEB＝90°…①
AD＝CB…②
AD∥BC より，錯角は等しいから，
∠DAF＝∠BCE…③
①，②，③より，直角三角形の斜辺と1つ
の鋭角がそれぞれ等しいから，
△ADF≡△CBE

2 △ABD と△ACE において，
仮定より，AD＝AE…①
△ABC は正三角形だから，
AB＝AC…②
∠BAD＝∠ACB＝60°
AE∥BC より，∠ACB＝∠CAE
よって，∠BAD＝∠CAE＝60°…③
①，②，③より，2組の辺とその間の角が
それぞれ等しいから，
△ABD≡△ACE

3 △ADC と△BDF において，
仮定より，∠ADC＝∠BDF＝90°…①
∠ABC＝45°より，△ABD は直角二等辺
三角形だから，AD＝BD…②
また，△ADC で，
∠CAD＝90°－∠ACB…③
△BEC で，∠CBE＝90°－∠ACB…④
よって，③，④より，
∠CAD＝∠CBE＝∠FBD…⑤
①，②，⑤より，1組の辺とその両端の角

がそれぞれ等しいから，
△ADC≡△BDF

4 (1)△ABF と△DCB において，
四角形 BFGC は正方形だから，
BF＝CB…①
仮定より，AB＝AC
四角形 ACDE は正方形だから，
AC＝DC
よって，AB＝DC…②
また，∠ABF＝90°＋∠ABC
∠DCB＝90°＋∠ACB
△ABC は AB＝AC の二等辺三角形だから，
∠ABC＝∠ACB
よって，∠ABF＝∠DCB…③
①，②，③より，2組の辺とその間の角
がそれぞれ等しいから，
△ABF≡△DCB

(2)① $\sqrt{10}$ cm　② $\dfrac{\sqrt{10}}{12}$ cm

5 (1) 6 cm
(2)△AEQ と△ABP において，
△EBA と△QPA は正三角形だから，
AE＝AB…①
AQ＝AP…②
また，∠EAQ＝60°＋∠BAQ
∠BAP＝60°＋∠BAQ
よって，∠EAQ＝∠BAP…③
①，②，③より，2組の辺とその間の角
がそれぞれ等しいから，
△AEQ≡△ABP

(3) $\dfrac{75}{8}$ cm²　(4)$(4+3\sqrt{3})$ cm

<hr>

解　説

1 長方形の性質のうち「**対辺がそれぞれ平行**」「**対
辺が等しい**」を利用する。

2 正三角形の性質「**3辺の長さがすべて等しい**」「**3
つの角すべては60°**」と「**平行線の錯角は等しい**」
を利用する。

3 △ABD は2つの角が等しいから，二等辺三角形
である。
∠CAD＝∠FBD を直接証明することはできないか
ら，∠FBD を含む三角形（△BEC）を使って導く。

16

4 (1)正方形の性質「4 つの辺がすべて等しい」「4 つの角がすべて等しい」を利用する。

∠ABF と ∠DCB はどちらも 90° と二等辺三角形の底角をあわせた角だから，等しくなる。

(2)①右の図のように，A から FG に垂線 AM をひき，BC との交点を N とすると，

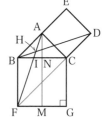

$BN=\dfrac{1}{2}BC=1(cm)$

また，△ABN は直角二等辺三角形になるから，AN=BN=1(cm)

よって，(1)より，△AFM で，三平方の定理より，

$BD=AF$
$=\sqrt{AM^2+FM^2}$
$=\sqrt{(1+2)^2+1^2}$
$=\sqrt{10}(cm)$

②F と C を結ぶ。

B，A，E と F，C，D はそれぞれ同一直線上にあり，BA∥FD

△ABH∽△FDH だから，

AH：FH=AB：FD=$\sqrt{2}$：$(2\sqrt{2}+\sqrt{2})$=1：3 より，

$AH=\dfrac{1}{4}AF=\dfrac{\sqrt{10}}{4}(cm)$

また，△AIN∽△AFM だから，

AI：AF=AN：AM=1：3 より，

$AI=\dfrac{1}{3}AF=\dfrac{\sqrt{10}}{3}(cm)$

よって，$HI=AI-AH=\dfrac{\sqrt{10}}{12}(cm)$

5 (1)四角形 ABCD はひし形だから，AC⊥BD である。AC と BD の交点を O とすると，

$BO=\dfrac{1}{2}BD=4(cm)$

△ABO で，三平方の定理より，AO=3 cm

よって，AC=2AO=6(cm)

(2)∠EAQ と ∠BAP はどちらも 60° と ∠BAQ をあわせた角だから，等しくなる。

(3) (2)より，△ABP の面積を求める。

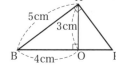

右の図の△ABP で，△PAO∽△ABO だから，

PA：AB=AO：BO

PA：5=3：4 より，

$PA=\dfrac{15}{4}$ cm

よって，

$\triangle AEQ=\triangle ABP=\dfrac{1}{2}\times5\times\dfrac{15}{4}=\dfrac{75}{8}(cm^2)$

(4)

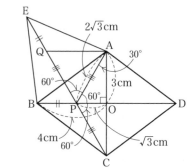

EQ+QP+PC の長さが最小になるのは，上の図のように，点 Q，P，C が一直線上にあるときである。

∠APC=120° で PO は ∠APC の二等分線だから，∠APO=60°

よって，△APO は 30°，60° の角をもつ直角三角形だから，

$PO=\dfrac{1}{\sqrt{3}}AO=\sqrt{3}(cm)$，$AP=2PO=2\sqrt{3}(cm)$

また，$BP=BO-PO=4-\sqrt{3}(cm)$

ここで，AE=AB，AQ=AP，

∠EAQ=60°−∠BAQ=∠BAP より，

△AEQ≡△ABP が成り立つから，EQ=BP

よって，EQ+QP+PC
$=BP+AP+AP$
$=(4-\sqrt{3})+2\sqrt{3}+2\sqrt{3}=4+3\sqrt{3}(cm)$

14時間目 相似の証明

解答（pp.30〜31）

1 △ADF と △CEF において，
対頂角は等しいから，∠DFA=∠EFC…①
AD∥EC より，錯角は等しいから，
∠FAD=∠FCE…②
①，②より，2 組の角がそれぞれ等しいから，
△ADF∽△CEF

2 △ABC において，点 D，E はそれぞれ，辺 AB，AC の中点だから，中点連結定理より，DE∥BC
△ADE と △BGC において，
仮定より，∠DAE=∠BFD…①
DE∥BC より，錯角は等しいから，
∠BFD=∠GBC…②
①，②より，∠DAE=∠GBC…③
また，DE∥BC より，同位角は等しいから，
∠AED=∠BCG…④
③，④より，2 組の角がそれぞれ等しいから，
△ADE∽△BGC

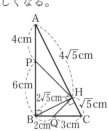

3 (1)△ABP と△PCQ において，

△ABC は直角二等辺三角形だから，

∠ABP＝∠PCQ＝45°…①

また，∠ABP＋∠BAP＝∠APC

＝∠APQ＋∠CPQ

∠ABP＝∠APQ＝45°だから，

45°＋∠BAP＝45°＋∠CPQ より，

∠BAP＝∠CPQ…②

①，②より，2組の角がそれぞれ等しい

から，

△ABP∽△PCQ

(2) $\frac{4\sqrt{2}}{3}$ cm　(3) $\frac{10}{3}$ cm²

4 (1)△ABG と△CBE において，

長方形 ABCD≡長方形 GBEF だから，

BA＝BG，BC＝BE より，

BA：BC＝BG：BE…①

また，∠ABG＝90°－∠GBC

∠CBE＝90°－∠GBC

よって，∠ABG＝∠CBE…②

①，②より，2組の辺の比とその間の角

がそれぞれ等しいから，

△ABG∽△CBE

(2) $\frac{27}{10}$ cm²

5 (1)△APH と△BQH において，

直角三角形 ABC で，

∠BAC＋∠BCA＝90°…①

直角三角形 BHC で，

∠HBC＋∠BCH＝90°…②

同じ角だから，∠BCA＝∠BCH…③

①，②，③より，

∠BAC＝∠HBC だから，

∠PAH＝∠QBH…④

また，∠AHP＝∠BHA－∠BHP

＝90°－∠BHP

∠BHQ＝∠PHQ－∠BHP

＝90°－∠BHP

よって，∠AHP＝∠BHQ…⑤

④，⑤より，2組の角がそれぞれ等しい

から，

△APH∽△BQH

(2)① 14 cm²　② 4 cm²

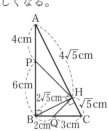

解　説

1 AD∥EC より，錯角は等しいから，

∠FDA＝∠FEC，∠FAD＝∠FCE の2組の角がそ

れぞれ等しいことを示してもよい。

2 △ABC で，点 D，E はそれぞれ，辺 AB，辺 AC

の中点だから，中点連結定理より，DE∥BC

平行線の錯角や同位角が等しいことを利用する。

3 (1)∠B＝∠C＝45°と三角形の内角と外角の性質

を利用して，2組の角がそれぞれ等しいことを示す。

(2) BC＝$\sqrt{2}$AB＝6 (cm)

△ABP∽△PCQ より，

BP：CQ＝AB：PC だから，

2：CQ＝3$\sqrt{2}$：(6－4)

よって，CQ＝$\frac{4\sqrt{2}}{3}$ cm

(3) AQ＝AC－QC＝3$\sqrt{2}$－$\frac{4\sqrt{2}}{3}$＝$\frac{5\sqrt{2}}{3}$ (cm)より，

AQ：AC＝$\frac{5\sqrt{2}}{3}$：3$\sqrt{2}$＝5：9

また，PC：BC＝4：6＝2：3

よって，△APQ＝$\frac{5}{9}$△APC

＝$\frac{5}{9}$×$\frac{2}{3}$△ABC

＝$\frac{5}{9}$×$\frac{2}{3}$×$\left(\frac{1}{2}×3\sqrt{2}×3\sqrt{2}\right)$

＝$\frac{10}{3}$ (cm²)

4 (1)合同な長方形の対応する辺の長さは等しいこ

とを利用する。

(2)△BCG で，GB＝AB＝5 cm だから，

三平方の定理より，BC＝3 cm

よって，△ABG＝$\frac{1}{2}$×AB×BC＝$\frac{15}{2}$ (cm²)

(1)より，**相似な図形の面積比は，相似比の2乗**だから，

△ABG：△CBE＝AB²：CB²＝5²：3²＝25：9

よって，△CBE＝$\frac{9}{25}$△ABG＝$\frac{27}{10}$ (cm²)

5 (1)直角三角形 ABC と直角三角形 BHC の内角の

和から，∠BAC＝∠HBC を示す。

また，∠AHP と∠BHQ はどちらも，90°から

∠BHP をひいた角だから，等しくなる。

(2)①△ABC で，

AC＝$\sqrt{10^2+5^2}$＝5$\sqrt{5}$ (cm)

△ABC∽△AHB だから，

AB：AH＝AC：AB より，

10：AH＝5$\sqrt{5}$：10

AH＝4$\sqrt{5}$ cm

また，

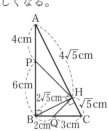

18

BC : HB=AC : AB より，5 : HB=5$\sqrt{5}$: 10

HB=2$\sqrt{5}$ cm

CH=AC−AH=$\sqrt{5}$ (cm)

(1)と，△ABH∽△BCH より，

BQ : QC=AP : PB=4 : (10−4)=2 : 3 だから，

BQ=$\frac{2}{5}$BC=2 (cm)

よって，

四角形 BQHP

=△BHP+△BQH

=$\frac{6}{10}$△ABH+$\frac{2}{5}$△BCH

=$\frac{3}{5}$×($\frac{1}{2}$×4$\sqrt{5}$×2$\sqrt{5}$)+$\frac{2}{5}$×($\frac{1}{2}$×$\sqrt{5}$×2$\sqrt{5}$)

=$\frac{3}{5}$×20+$\frac{2}{5}$×5=14 (cm²)

②△PQH の面積が最も小さくなる
ときとは，PH，QH の長さが最も
短くなるときだから，
HP⊥AB，HQ⊥BC のときである。
このとき，
△APH∽△ABC だから，
PH : BC=AH : AC=4 : 5 より，

PH=$\frac{4}{5}$BC=4 (cm)

同様に，△CQH∽△CBA だから，

QH : BA=1 : 5 より，QH=$\frac{1}{5}$BA=2 (cm)

よって，△PQH=$\frac{1}{2}$×PH×QH=4 (cm²)

15時間目 円と証明

解答（pp.32〜33）

1 △DBF と△DCA において，
仮定より DB=DC…①
円周角の定理より，
∠DBF=∠DCA…②
半円の弧に対する円周角だから，
∠BDC=90°
∠ADC=180°−90°=90°
よって，∠FDB=∠ADC=90°…③
①，②，③より，1組の辺とその両端の角
がそれぞれ等しいから，△DBF≡△DCA
よって，BF=CA

2 (1)△ABE と△FBE において，
　仮定より，∠BFE=90°
　半円の弧に対する円周角だから，

∠BAE=90°
よって，∠BAE=∠BFE=90°…①
また，BE は共通…②
AD=CD より，$\overset{\frown}{AD}$=$\overset{\frown}{CD}$ だから，
∠ABE=∠FBE…③
①，②，③より，直角三角形の斜辺と1
つの鋭角がそれぞれ等しいから，
△ABE≡△FBE

(2)① 4 cm　② 3 cm　③ 8倍

3 (1)△DEF と△APC において，
PC は∠ACB の二等分線だから，
∠ACP=∠BCP
FE∥BC より，錯角は等しいから，
∠DFE=∠BCP
よって，∠DFE=∠ACP…①
対頂角は等しいから，∠EDF=∠BDC
$\overset{\frown}{BC}$ に対する円周角だから，
∠PAC=∠BAC=∠BDC
よって，∠EDF=∠PAC…②
①，②より，2組の角がそれぞれ等しい
から，
△DEF∽△APC

(2)$\frac{7}{3}$ cm　(3)49 : 81

4 (1)△BCF と△ADE において，
仮定より，∠ACB=∠ACE だから，
∠BCF=∠ACE…①
$\overset{\frown}{AB}$=$\overset{\frown}{AE}$…②
円周角の定理より，
∠ACE=∠ADE…③
①，③より，∠BCF=∠ADE…④
△ACD は AC=AD の二等辺三角形だから，
$\overset{\frown}{AC}$=$\overset{\frown}{AD}$…⑤
ここで，$\overset{\frown}{BC}$=$\overset{\frown}{AC}$−$\overset{\frown}{AB}$，$\overset{\frown}{ED}$=$\overset{\frown}{AD}$−$\overset{\frown}{AE}$
②，⑤より，$\overset{\frown}{BC}$=$\overset{\frown}{ED}$…⑥
仮定より，$\overset{\frown}{BC}$=$\overset{\frown}{CD}$…⑦
⑥，⑦より，$\overset{\frown}{CD}$=$\overset{\frown}{ED}$ だから，
∠CBF=∠DAE…⑧
④，⑧より，2組の角がそれぞれ等しい
から，
△BCF∽△ADE

(2)$\frac{9}{4}$ cm

解 説

1 BF，CA を含む三角形で合同なものを見つける。同じ弧に対する円周角の大きさは等しい(円周角の定理)から，$\overset{\frown}{DE}$ に対する円周角である∠DBF と∠DCA は等しい。また，**半円の弧に対する円周角は 90° である。**

2 (1)同じ長さの弧に対する円周角の大きさは等しいから，∠ABE＝∠FBE
(2)①△ABH で，AH＝$\sqrt{(3\sqrt{2})^2-(\sqrt{2})^2}$＝4 (cm)
② AE＝x cm とすると，(1)より，EF＝x cm とおける。
AH∥EF より，△AHC∽△EFC だから，
AH：EF＝AC：EC より，
4：x＝12：(12－x)　よって，x＝3
③△ABE で，BE＝$\sqrt{(3\sqrt{2})^2+3^2}$＝$3\sqrt{3}$ (cm)
また，CE＝12－3＝9 (cm)
△ABE∽△DCE だから，
AE：DE＝BE：CE より，3：DE＝$3\sqrt{3}$：9
DE＝$3\sqrt{3}$ cm
ここで，△ABE＝S とすると，
BE＝DE より，△ADE＝S とおける。
AE：EC＝3：9＝1：3 より，
△DEC＝△BEC＝$3S$ だから，
四角形 ABCD＝$S+S+3S+3S$＝$8S$
よって，四角形 ABCD の面積は，△ABE の面積の 8 倍

3 (1)角の二等分線と平行線の性質を使って∠DFE＝∠ACP，対頂角と円周角の定理を使って∠EDF＝∠PAC を導く。
(2) CH＝x cm とすると，
BH＝(3－x)cm
△BAH で，
三平方の定理より，
AH²＝AB²－BH²
＝2²－(3－x)²
同様に，△CAH で，AH²＝3²－x²
よって，2²－(3－x)²＝3²－x²　x＝$\dfrac{7}{3}$

(3) (2)より，
∠AHC＝90°
△CAB は二等辺三角形で，CP は頂角の二等分線だから，
∠CPA＝90°
(1)より，∠DEF＝∠APC＝90°

FE∥BC より，∠DBC＝∠DEF＝90°
よって，BE∥HA
(2)より，CH＝$\dfrac{7}{3}$ cm
DC と AH との交点を Q とすると，角の二等分線の定理より，
HQ：AQ＝CH：CA＝$\dfrac{7}{3}$：3＝7：9
BE∥HA より，BD：ED＝HQ：AQ＝7：9
よって，△DBC∽△DEF で，相似比が 7：9 だから，
△DBC：△DEF＝BD²：ED²＝7²：9²＝49：81

4 (1)円周角の定理を使って∠BCF＝∠ADE，二等辺三角形の定義と円周角と弧の関係を使って∠CBF＝∠DAE を導く。
(2)△BCF∽△ADE で，BC＝3 cm，AD＝6 cm だから，相似比は，3：6＝1：2
(1)より，DE＝BC＝3 cm だから，
CF＝$\dfrac{1}{2}$DE＝$\dfrac{3}{2}$ (cm)

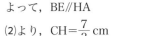

ここで，
AD 共通
$\overset{\frown}{CD}$＝$\overset{\frown}{DE}$ より，∠DAF＝∠DAE
$\overset{\frown}{AB}$＝$\overset{\frown}{AE}$ より，∠ADF＝∠ADE だから，
1 組の辺とその両端の角がそれぞれ等しいから，
△ADF≡△ADE
よって，AF＝AE
AE＝AF＝AC－CF＝6－$\dfrac{3}{2}$＝$\dfrac{9}{2}$ (cm)だから，
BF＝$\dfrac{1}{2}$AE＝$\dfrac{9}{4}$ (cm)

総仕上げテスト ①

解答（pp.34～35）

1 (1) 16°　(2) 80°
2 (1)△COB と△COD において，
円 O の半径だから，OB＝OD…①
また，OC は共通…②
AD∥OC より，
同位角は等しいから，
∠COB＝∠DAO…③
錯角は等しいから，
∠ADO＝∠COD…④
また，△OAD は二等辺三角形だから，
∠DAO＝∠ADO…⑤

よって，③，④，⑤より，

∠COB＝∠COD…⑥

①，②，⑥より，2組の辺とその間の角がそれぞれ等しいから，

△COB≡△COD

(2)① $(6-2x)$ cm ② $\dfrac{\sqrt{6}}{3}$ cm

3 (1)① 72π cm^3 ② $\dfrac{32}{3}\pi$ cm^3

(2)水はあふれない。

（理由の例）容器Aの水の体積は，

$\dfrac{1}{3}\times\pi\times5^2\times5=\dfrac{125}{3}\pi$ (cm^3)

容器Bの水の体積は，

$\pi\times5^2\times5-\dfrac{4}{3}\times\pi\times5^3\times\dfrac{1}{2}$

$=125\pi-\dfrac{250}{3}\pi=\dfrac{125}{3}\pi$ (cm^3)

よって，容器Aと容器Bの体積はともに

$\dfrac{125}{3}\pi$ cm^3 だから，水はあふれない。

(3) $\dfrac{17}{3}\pi$ cm^3

解 説

1 (1)正五角形の1つの内角は，

$180°\times(5-2)\div5=108°$ より，

∠CDR＝$180°-(40°+108°)=32°$

△PQRは正三角形だから，∠DRB＝60°

よって，四角形DCBRで，

∠CBR＝∠DCB－（∠DRB＋∠CDR）

＝$108°-(60°+32°)$

＝16°

(2)∠AOB＝2∠ACB＝50°

OA∥CBより，∠OAC＝∠ACB＝25°

△OACは二等辺三角形だから，

∠OCA＝∠OAC＝25°より，

∠AOC＝$180°-25°\times2=130°$

よって，∠BOC＝∠AOC－∠AOB

＝$130°-50°=80°$

2 (1)平行線の同位角，錯角は等しいことと，△OADは二等辺三角形であることを利用して，∠COB＝∠COD を示す。

(2)①四角形DHFCは **2組の対辺がそれぞれ平行** だから，平行四辺形である。

よって，FC＝HD＝x cm より，

OF＝OC－FC＝$3-x$ (cm)

AD∥OC より，OF：AH＝BO：BA＝1：2

よって，AH＝2OF＝$6-2x$ (cm)

②△DHG∽△OFG で HG＝2GF より，DH＝2OF

①より，$x=2(3-x)$ $x=2$

よって，AH＝$6-2x=6-2\times2=2$ (cm)

AD＝$2+2=4$ (cm)

ここで，BとDを結ぶと，ABは直径だから，

∠ADB＝90°

△ADBで，BD＝$\sqrt{6^2-4^2}=2\sqrt{5}$ (cm)

また，△HDBで，BH＝$\sqrt{2^2+(2\sqrt{5})^2}=2\sqrt{6}$ (cm)

AとEを結ぶと，△AEH∽△BDHだから，

AH：BH＝EH：DH より，

$2:2\sqrt{6}=EH:2$

よって，EH＝$\dfrac{\sqrt{6}}{3}$ cm

3 (1)① $\dfrac{1}{3}\times\pi\times6^2\times6=72\pi$ (cm^3)

②容器Aに半径2cmの球が内接するとき，その接点と球の中心を通る切断面は，右の図のようになる。

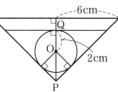

半径2cmの球の中心をO，球が水面と平行な面に接する点をQとすると，

PQ＝OQ＋PO＝$2+2\sqrt{2}=2+2.828\cdots=4.828\cdots<6$

よって，半径2cmの球は，完全に容器Aの水面下に沈む。

あふれ出た水の体積は，半径2cmの球の体積だから，

$\dfrac{4}{3}\times\pi\times2^3=\dfrac{32}{3}\pi$ (cm^3)

(2)容器Aと容器Bの水の体積の大小を比較すればよい。

(3)容器Aの水面の高さが9cmのとき，水が入っていない部分の体積は，

$\dfrac{1}{3}\times\pi\times10^2\times10-\dfrac{1}{3}\times\pi\times9^2\times9$

$=\dfrac{1}{3}\times\pi\times(1000-729)=\dfrac{271}{3}\pi$ (cm^3)

容器Aに半径4cmの円柱を沈めるとき，円柱の底面の中心を通る切断面は，右の図のようになる。

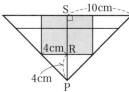

RS＝PS－PR＝$10-4=6$(cm)だから，おもりの体積は，$\pi\times4^2\times6=96\pi$ (cm^3)

よって，あふれ出た水の体積は，

$96\pi-\dfrac{271}{3}\pi=\dfrac{17}{3}\pi$ (cm^3)

解答（pp.36〜37）

1 (1)㋔

(2)

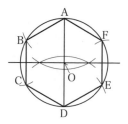

(3)① $\sqrt{3}$ cm ② $10\sqrt{3}$ cm²

③ $(4+2\sqrt{2})$ 秒後

（方程式と計算過程の例）

AP＝t cm

点 M が辺 CD 上にあるから，$6 \leqq t \leqq 8$

DP＝$8-t$ より，MP＝$\sqrt{3}(8-t)$ だから，

$\triangle \text{AMN} = \dfrac{1}{2} \times \{\sqrt{3}(8-t) \times 2\} \times t$

$= \sqrt{3}(8-t)t$

△AMN の面積は $8\sqrt{3}$ cm² より，

$\sqrt{3}(8-t)t = 8\sqrt{3}$

整理して，$t^2 - 8t + 8 = 0$

解の公式より，

$t = \dfrac{-(-8) \pm \sqrt{(-8)^2 - 4 \times 1 \times 8}}{2 \times 1}$

$= \dfrac{8 \pm \sqrt{32}}{2}$

$= 4 \pm 2\sqrt{2}$

$6 \leqq t \leqq 8$ より，$t = 4 + 2\sqrt{2}$

2 (1)∠EOA＝60°，$\overset{\frown}{\text{AE}} : \overset{\frown}{\text{AF}} = 2 : 3$

(2) $(12\sqrt{3} + 9\pi)$ cm²

3 (1) 9 cm²

(2)① AB，AC ② $\sqrt{5}$ cm ③ $4\sqrt{5}$ cm³

解 説

1 (1)図形㋐を，点 O を回転の中心として 180° だけ回転移動させると図形㋒に重なり，図形㋒を，直線 CF を対象の軸として対称移動させると図形㋔に重なる。

(2)右の図のように，線分 AD の垂直二等分線と，線分 AD の交点を O とする。点 O を中心として半径 OA の円をかき，この円の円周上に，OA＝AB＝BC ＝DE＝EF となる点 B，C，

E，F をとり，点 A 〜 F を結ぶ。

(3)① △AMP は，∠MAP＝60° の直角三角形で，AP＝1 cm だから，PM＝$\sqrt{3}$ cm

② 5 秒後は，右の図のようになる。

AP＝5 cm，MP＝$\dfrac{\sqrt{3}}{2}$AB ＝$2\sqrt{3}$ (cm) だから，

$\triangle \text{AMN} = \dfrac{1}{2} \times (2\sqrt{3} \times 2) \times 5$

$= 10\sqrt{3}$ (cm²)

③右のような図をかいて考える。

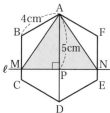

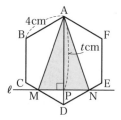

2 (1)∠EOA＝2∠EGA＝60°

また，OF⊥CD だから，∠AOF＝90°

弧の長さはその弧に対する中心角に比例するから，

$\overset{\frown}{\text{AE}} : \overset{\frown}{\text{AF}} = 60° : 90° = 2 : 3$

(2)E と O，O と G を結ぶと，求める面積は，△AOE，おうぎ形 EOG，△OBG に分けられる。

∠EOA＝60° より，△AOE は正三角形になるから，正三角形の面積の公式を使って，

$\triangle \text{AOE} = \dfrac{\sqrt{3}}{4} \times 6^2 = 9\sqrt{3}$ (cm²)

また，∠OAE＝60°，AD∥BC より，

∠OBG＝180°−60°＝120°

△OBG は OB＝BG より，二等辺三角形だから，

∠BOG＝∠BGO＝(180°−120°)÷2＝30°

ここで，B から OG に垂線 BH をひくと，

OG＝6 cm より，OH＝$\dfrac{1}{2}$OG＝3 (cm)

BH＝$\dfrac{1}{\sqrt{3}}$OH＝$\sqrt{3}$ (cm)

よって，$\triangle \text{OBG} = \dfrac{1}{2} \times 6 \times \sqrt{3} = 3\sqrt{3}$ (cm²)

また，∠EOG＝180°−(60°+30°)＝90° より，

おうぎ形 EOG＝$\pi \times 6^2 \times \dfrac{90}{360} = 9\pi$ (cm²)

よって，求める面積は，

$9\sqrt{3} + 3\sqrt{3} + 9\pi = 12\sqrt{3} + 9\pi$ (cm²)

3 (1)△A'BC で，中点連結定理より，

MN＝$\dfrac{1}{2}$BC＝2 (cm)

また，A' から BC に垂線 A'H をひくと，

BH＝$\dfrac{1}{2}$BC＝2 (cm) より，

A'H＝$\sqrt{(2\sqrt{10})^2 - 2^2} = 6$ (cm)

また，A'H と MN との交点を I とすると，

$IH=\dfrac{1}{2}A'H=3$ (cm)

よって，台形 $BMNC=\dfrac{1}{2}\times(2+4)\times3=9$ (cm²)

(2)① 展開図を組み立てると，
右の図のようになる。
MN∥BC で，MA，NA，MB，
NC は MN と交わるから，MN
とねじれの位置にある辺は，
AB と AC である。

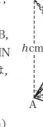

②△ABH で，
$AH=\sqrt{(2\sqrt{5})^2-2^2}=4$ (cm)
IA＝IH＝3 cm より，△IAH は二等辺三角形である。
I から底面の△ABC に垂線 IJ をひくと，
J は AH の中点で，$JH=\dfrac{1}{2}AH=2$ (cm)
よって，求める長さは，
$IJ=\sqrt{3^2-2^2}=\sqrt{5}$ (cm)
③三角錐 O−ABC の高さを h cm とすると，
△HIJ∽△HOA だから，
IJ：h＝HJ：HA＝1：2 より，
$\sqrt{5}$：h＝1：2　$h=2\sqrt{5}$
よって，$△ABC=\dfrac{1}{2}\times BC\times AH$

$=\dfrac{1}{2}\times4\times4=8$ (cm²) より，

三角錐 O–ABC の体積は，
$\dfrac{1}{3}\times8\times2\sqrt{5}=\dfrac{16\sqrt{5}}{3}$ (cm³)

△OMN∽△OBC で，
相似比は MN：BC＝1：2 だから，
△OMN：△OBC＝1^2：2^2＝1：4 より，

四角形 BMNC の面積は，△OBC の面積の $\dfrac{3}{4}$ 倍

よって，**高さが等しい立体の体積は，底面積に比
例する**から，求める体積は，
$\dfrac{16\sqrt{5}}{3}\times\dfrac{3}{4}=4\sqrt{5}$ (cm³)

総仕上げテスト ③

解答（pp.38～39）

1 $(2\sqrt{3}，2)$

2 (1)

![図]

(2) △BPQ において，折り返した図形の角
は等しいから，
∠BPQ＝∠DPQ…①
AD∥BC より，錯角は等しいから，
∠BQP＝∠DPQ…②
①，②より，∠BPQ＝∠BQP
よって，2 つの角が等しいから，△BPQ
は二等辺三角形である。

(3) $2\sqrt{5}$ cm

3 (1)① 3600 cm²　② エ
(2)① $18\sqrt{2}$ cm　② 24 cm

解　説

1 円の中心を Q とす
ると，
∠AQO＝2∠APO＝60°
よって，△AQO は正
三角形となる。点 Q か
ら y 軸に垂線 QH をひ
くと，△OHQ は 30°，
60°，90°の直角三角形

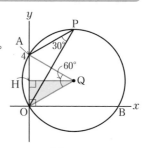

で，OQ＝OA＝4 だから，$HQ=\dfrac{\sqrt{3}}{2}OQ=2\sqrt{3}$，

$OH=\dfrac{1}{2}OQ=2$
よって，中心の座標は，$(2\sqrt{3}，2)$

2 (1)B と D を結ぶと，線分 PQ と中点で交わり，
BD⊥PQ だから，線分 PQ は BD の垂直二等分線
である。
(2)△BPQ が二等辺三角形であるためには，
∠BPQ＝∠BQP を示せばよい。
(3)折り返した図形の辺だから，PB＝PD＝5 cm
△ABP で，三平方の定理より，AB＝4 cm
(2)より，BQ＝BP＝5 cm
P から BQ に垂線 PH をひくと，
PH＝AB＝4 cm，BH＝AP＝3 cm
よって，QH＝BQ−BH＝5−3＝2 (cm)
△PQH で，三平方の定理より，
$PQ=\sqrt{4^2+2^2}=2\sqrt{5}$ (cm)

3 (1)①正方形 ABCD の面積は，10×10＝100 (cm²)
正方形 ABCD∽正方形 A'B'C'D' で，相似比は，
PQ：PR＝12：(12＋60)＝12：72＝1：6 だから，
面積比は，1^2：6^2＝1：36
よって，正方形 A'B'C'D' の面積は，
100×36＝3600 (cm²)

②図3での形の変化について,
正方形 ABCD を30°傾けたときの正方形を正方形
EBCF とし, 正方形 EBCF の影を四角形 E′B′C′F′
とすると, 真上から見た図は下のようになる。

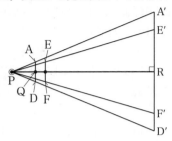

図より, E′F′<A′D′となり, E′F′∥A′D′だから, 影
の形は台形になる。

図4での面積の変化について,
正方形 ABCD が15 cm 平行移動するとき, 点 Q が
点 S に移動し, 壁にうつる影を正方形 A″B″C″D″
とすると, 真横から見た図は下のようになる。

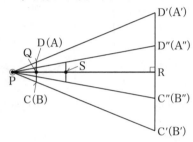

図より, D″C″<D′C′となり, 正方形 A″B″C″D″<
正方形 A′B′C′D′だから, 影の面積は減少する。

(2)①

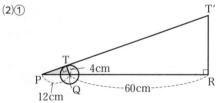

上の図のように, 接点を T とし, 壁にうつる点を
T′とする。
△PQT で, 三平方の定理より,
PT=$\sqrt{12^2-4^2}$=$8\sqrt{2}$ (cm)
△PQT と△PT′R において,
∠P は共通, ∠PTQ=∠PRT′=90°より,
△PQT∽△PT′R だから,
PT : PR=QT : T′R $8\sqrt{2}$: 72=4 : T′R
T′R=$18\sqrt{2}$ cm
② 立方体の体積が最も大きく
なるのは, 右の図のように, 影
の円に立方体の1つの面, つ
まり正方形が内接するときであ
る。求める立方体の1辺の長さ

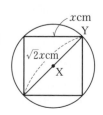

を x cm とすると, 立方体の1つの面の正方形の対
角線の長さは, $\sqrt{2}x$ cm
このとき, 正方形の対角線の交点を X, 立方体の
頂点の1つを Y とする。
立方体の体積が最も大きくなるときの図は, 下の
ようになる。

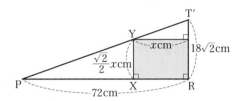

PX=(72−x)cm, XY=$\sqrt{2}x$÷2=$\frac{\sqrt{2}}{2}x$(cm)

(2)① より, T′R=$18\sqrt{2}$ cm
△PXY と△PRT′ において,
∠P は共通, ∠PXY=∠PRT′=90°より,
△PXY∽△PRT′ だから,
PX : PR=XY : RT′
(72−x) : 72=$\frac{\sqrt{2}}{2}x$: $18\sqrt{2}$
$18\sqrt{2}$(72−x)=$36\sqrt{2}x$
x=24
よって, 求める立方体の1辺の長さは, 24 cm